원색도감

한국의 잠자리·메뚜기
사마귀·대벌레

김정환 저

교학사

책을 내면서

내가 잠자리를 연구하여 체계적으로 정리해 보아야겠다는 생각을 가지게 된 것은 1991년 '한국산 나비의 역사와 일본 특산종 나비의 기원' 이란 논문을 발표한 다음이었다.

본래 연구하고자 했던 것은 한국산 나비의 이동 경로를 집단 분류학적으로 검토한 다음, 모든 동·식물이 동일한 자연 법칙의 영향을 받으며 함께 이동해 왔을 것이라는 나의 가설을 밝혀 보려는 것이었다. 그래서 한국산 잠자리를 택하여 나비의 이동 경로와는 어떤 차이가 있는지를 밝혀서 지금보다 한 단계 앞선 계통 분류학의 어떤 주요한 주제와 문제를 정밀하게 그려 보는 것이었다. 그러나 조사 과정에서 절감한 것은 그 동안 우리가 잠자리 연구에 너무 등한해 왔다는 사실과 참고 자료의 빈곤이었다. 이러한 현실적 여건 속에서 '이제부터 시작이다.' 라는 생각으로 잠자리의 분포부터 조사에 착수했다. 나는 이 땅의 구석구석까지 찾아가 이들 잠자리의 생육 지대를 발견하여 우화, 행동, 사랑, 경쟁 등 잠자리의 모든 삶을 생생하게 기록하고 사진으로 담으려고 노력했다.

여기에 소개되는 잠자리와 메뚜기, 사마귀, 대벌레는 전국 어디에서나 쉽게 볼 수 있고, 또 우리 주변에 살고 있는 우리와는 가장 친숙한 곤충들이다. 나의 바람은 이 책을 통해 잠자리에 관해 궁금해하던 사람들에게 꼭 필요한 생태 자료를 제공해 줌으로써 잠자리뿐만 아니라 모든 곤충 연구에 동참할 수 있는 후학들이 많이 나오는 것이다.

끝으로, 어려운 여건 속에서도 이 책을 출판해 주신 교학사 양철우 사장님께 감사를 드린다. 또한 유홍희 부장님께 감사의 말씀을 전하며, 편집·교정을 위해 애쓰신 편집부 여러분과 사진을 제공해 주신 이범호, 김태우, 최순희씨께도 감사의 마음을 표한다.

1998. 2.
김정환

차 례

머리말 · 3
일러두기 · 7

잠자리 ——————8
잠자리 해설 · 10
잠자리 구조 · 16

실잠자리과 ·····················17
황등색실잠자리 · 18
꼬마실잠자리(신칭) · 20
노란실잠자리 · 22
연분홍실잠자리(신칭) · 24
아시아실잠자리 · 28
남아시아실잠자리(신칭) · 32
멋쟁이아시아실잠자리(신칭) · 36
등검은실잠자리 · 38
등줄실잠자리 · 44
왕실잠자리 · 46
우포실잠자리(신칭) · 48
큰등줄실잠자리(신칭) · 50
시골실잠자리 · 54
큰실잠자리 · 56
북방실잠자리 · 58
참실잠자리 · 60

방울실잠자리과 ···············63
방울실잠자리 · 64
방패실잠자리 · 68
자실잠자리 · 70
큰자실잠자리(신칭) · 72

청실잠자리과 ·················75
묵은실잠자리 · 76
가는실잠자리 · 78
한림청실잠자리(신칭) · 80
큰청실잠자리(신칭) · 84
청실잠자리 · 86

물잠자리과 ·····················89
검은물잠자리 · 90
물잠자리 · 94

부채장수잠자리과 ············99
마아키측범잠자리 · 100
산측범잠자리 · 102
곤봉꼬리측범잠자리(신칭) · 104
노란측범잠자리 · 106
꼬마측범잠자리 · 112
쇠측범잠자리 · 114
영월쇠측범잠자리(신칭) · 122
부채장수잠자리 · 124
어리부채장수잠자리 · 130
어리장수잠자리 · 134
애측범잠자리 · 140
검정측범잠자리 · 142
정환측범잠자리(신칭) · 144
가시측범잠자리 · 146

왕잠자리과 ·····················149
개미허리왕잠자리 · 150
잘록허리왕잠자리 · 152
별박이왕잠자리 · 154
하늘별박이왕잠자리(신칭) · 156
긴무늬왕잠자리 · 158
왕잠자리 · 162
먹줄왕잠자리 · 172

북방잠자리과 ·················175
- 밑노란잠자리 · 176
- 밑노란잠자리붙이 · 178
- 산잠자리 · 180
- 잔산잠자리 · 182
- 노란잔산잠자리 · 184
- 언저리잠자리 · 188

잠자리과 ·················191
- 배치레잠자리 · 192
- 큰밀잠자리 · 196
- 밀잠자리 · 200
- 중간밀잠자리 · 210
- 홀쭉밀잠자리 · 214
- 넉점박이잠자리 · 216
- 대모잠자리 · 218
- 고추잠자리 · 222
- 꼬마잠자리 · 226
- 밀잠자리붙이 · 228
- 노란띠좀잠자리 · 232
- 고추좀잠자리 · 234
- 여름좀잠자리 · 238
- 대륙좀잠자리 · 240
- 흰얼굴좀잠자리 · 242
- 두점박이좀잠자리 · 244
- 어리두점박이좀잠자리(신칭) · 248
- 애기좀잠자리 · 250
- 붉은좀잠자리 · 252
- 대마도좀잠자리 · 254
- 만주좀잠자리 · 258
- 깃동잠자리 · 260
- 깃동잠자리붙이 · 264
- 들깃동잠자리(신칭) · 266
- 진노란잠자리 · 268
- 노란잠자리 · 272
- 진주잠자리 · 274
- 노란허리잠자리 · 276
- 된장잠자리 · 280
- 날개잠자리 · 284
- 나비잠자리 · 286

장수잠자리과 ·················289
- 장수잠자리 · 290

메뚜기 ——————294
- 메뚜기 해설 · 296
- 메뚜기 구조 · 302

여치아목 ·················303
- 굴꼽등이 · 304
- 꼽등이 · 306
- 줄베짱이 · 308
- 큰실베짱이 · 310
- 날베짱이 · 312
- 실베짱이 · 314
- 검은다리실베짱이 · 316
- 베짱이 · 320
- 남방베짱이(신칭) · 326
- 쌕쌔기 · 328
- 긴꼬리쌕쌔기 · 330
- 북방실베짱이 · 331
- 좀쌕쌔기 · 332
- 우수리여치 · 333
- 매부리 · 334
- 애여치 · 336
- 여치 · 338

긴날개여치 · 340
잔날개여치 · 342
갈색여치 · 344
중베짱이 · 346
동양베짱이(신칭) · 348
긴꼬리 · 350
먹종다리붙이(신칭) · 352
왕귀뚜라미 · 354
귀뚜라미 · 356
남쪽귀뚜라미 · 358
풀종다리 · 359
땅강아지 · 360

메뚜기아목 ·················361
좁쌀메뚜기 · 362
가시모메뚜기 · 363
모메뚜기 · 364
섬서구메뚜기 · 366
팔공산밑들이메뚜기 · 368
밑들이메뚜기 · 372
긴날개밑들이메뚜기 · 374
북방밑들이메뚜기 · 376
각시메뚜기 · 378
등검은메뚜기 · 380
방아깨비 · 382
딱다기 · 388
해변메뚜기(신칭) · 389
어리삽사리 · 390
참어리삽사리 · 392
애메뚜기 · 394
폭날개메뚜기 · 396
검정수염메뚜기(신칭) · 397
삽사리 · 398
고산삽사리(신칭) · 402

검정무릎삽사리 · 404
홍가슴메뚜기(신칭) · 406
벼메뚜기붙이 · 408
끝검은메뚜기 · 410
고산북방메뚜기(신칭) · 412
팥중이 · 414
콩중이 · 416
풀무치 · 418
잔날개벼메뚜기 · 420
벼메뚜기 · 422

사마귀 ——————— 424
사마귀 해설 · 426
사마귀 구조 · 428

사마귀목 ·················429
항라사마귀 · 430
사마귀 · 431
왕사마귀 · 436
좀사마귀 · 444

대벌레 ——————— 446
대벌레 해설 · 448
대벌레 구조 · 450

대벌레목 ·················451
긴수염대벌레 · 452
대벌레 · 456

부록 ·················459
필자가 발견하지 못한 잠자리 · 460
보유편 · 462
학명 찾아보기 · 470
한국명 찾아보기 · 475
참고문헌 · 478

일 러 두 기

1. 이 책은 한반도와 제주도, 울릉도를 비롯한 부속 도서에 분포하는 잠자리 86종, 메뚜기 59종, 사마귀 4종, 대벌레 2종의 생태 사진과 해설을 수록하였다. 그 중 잠자리목 1종은 신종, 잠자리목 14종과 메뚜기목 8종은 미기록종이다.

2. 잠자리는 특징, 생태, 우화형, 출현기, 성충과 유충의 몸 길이, 분포의 순으로 서술하였고, 메뚜기와 사마귀, 대벌레는 특징, 생태, 출현기, 성충의 몸 길이, 분포의 순으로 설명하였다.

3. 과명과 속명은 한국 곤충명집을 따랐으며, 한국명은 발표 연대가 가장 빠른 최초 기록자의 한국명을 사용하였다. 필자에 의해 발견된 미기록종은 발견된 곳의 지명, 형태, 생태, 학명의 특징을 참고하여 필자가 새로운 한국명으로 명명하였다.

4. 출현기는 서식지와 수직 분포대에 따라 다소 차이가 있을 수 있으며, 종 해설 하단에 출현기를 월별에 따라 색깔로 표시하였다.

5. 북한 지방의 분포도는 과거 기록과 참고 문헌에 따른 것이므로 다소 차이가 있을 수 있음을 밝혀 둔다. 남한 지방과 제주도, 울릉도 등 부속 도서의 분포도는 필자가 직접 조사하여 작성한 것으로 계속해서 보완, 추가할 것이다.

6. 한국의 잠자리로 기록된 종 중에서 필자가 아직 발견하지 못하여 수록하지 못한 종들은 발견되는 대로 증보판을 통해 계속 소개하기로 한다.

한국의 잠자리

실잠자리과
방울실잠자리과
청실잠자리과
물잠자리과
부채장수잠자리과
왕잠자리과
북방잠자리과
잠자리과
장수잠자리과

잠자리목

1. 잠자리목의 진화

약 4억 년 전, 스코틀랜드의 고생대 데본기 상부 지층에서 발견된 톡토기의 일종(Rhyniella praecursor)이 곤충의 화석으로서는 가장 오래 된 것이다. 그러나 곤충의 기원은 좀더 빠른 실루리아기(약 4억 4천만 년 전)로 학계에서는 추정하고 있다. 날개가 달린 유시 곤충(有翅昆蟲)은 상부 석탄기의 지층에서 대량으로 출현하기 시작하여 고생대가 끝나는 페름기까지 현재 주요한 목(目)의 대부분이 출현한다. 이들 유충은 모두 수생 생활(水生生活)을 한다.

석탄기와 페름기(약 3억 5천만~2억 7천만 년 전)의 곤충 화석들 중에서 가장 돋보이는 것들은 원시 잠자리목으로, 잠자리의 조상으로 보이는 이들 화석종은 원시 잠자리류 메가네우라는 메가네우로프시스 아메리카나(Meganeuropsis americana)와 페르미아나(M. permiana), 몬니(M. monyi) 등 현재 우리가 볼 수 있는 잠자리와 생김새가 비슷하다. 날개를 편 길이는 640~750mm 정도이며, 몸 길이가 380mm의 거대한 곤충이었다는 것은 유명하다.

현재 우리가 볼 수 있는 잠자리는 날개를 편 길이가 20~150mm에 불과하다. 이들 원시 잠자리들이 마치 새나 다른 날아다니는 척추 동물들처럼 공기를 빠르게 가르며 활공하는 모습은 가히 장관이었을 것이다.

원시 잠자리류의 화석 표본은 대부분 이렇게 큰 종류들로, 프랑스와 미국 캔자스, 오클라호마 등의 고생대 지층 암석에서 발견되었다. 입틀은 씹는형, 즉 저작형 구기이며, 다리 부절(발목마디)은 우리가 현재 볼 수 있는 잠자리들과 똑 닮았다. 그들은 틀림없이 날아다니면서 먹이를 잡고, 양치류 또는 지금은 사라진 식물에 앉아 먹이를 게걸스럽게 먹어치웠을 것이다.

현재의 잠자리(dragonfly)나 실잠자리(damselfly)와 유사한 그들이 잠자리의 조상임에는 분명하나 지금의 잠자리와는 어떤 관계가 있는지 아직 명확하게 밝혀지지 않았다. 다만 고시군(古翅群)의 분화가 시작된 석탄기의 끝 무렵에 날개를 접을 수 있는 신시류(新翅類)가 화석으로 출현하기 시작했는데, 이 신시류는 날개를 몸 위에 겹칠 수 있어 좁은 장소에서도 활동이 가능케 된다. 따라서 먹이의 선택과 생활 방식의 다양화, 기능의 분화가 이루어져 소형화 추세로 진화하게 되었다.

곤충의 몸이 소형이라는 것은, 먹이의 양이 적어도 살 수 있고 생활 장소가 좁아도 좋다는 것을 의미한다. 또 몸의 크기가 작을수록 한 세대의 생존 기간이 짧은 경향이 있고, 각양 각색의 환경에 적응이 가능하여 형태뿐만 아니라 생리(生理)나 생태까지도 현저하게 다양해졌을 것이다.

잠자리목은 원시적인 곤충의 하나로서 날개를 복부 뒤로 접을 수 없는 고시군에 속한다. 고생대 후기까지는 고시군에 속하는 몇 개의 목(目)이 있었으나 현재는 하루살이목과 잠자리목만이 남아 있다.

현재 잠자리의 종류는 세계에 약 5천 여 종이 알려져 있고, 우리나라에는 약 98종이 분포하는 것으로 곤충학계에 보고되어 있었으나, 필자의 연구 결과에 의해서 한국산 미기록종 잠자리 약 15종이 더 추가되어 약 115 종이 분포하는 것으로 밝혀졌다. 좀더 조사하고 연구해 나간다면 미기록종은 앞으로 더 추가될 것으로 전망된다.

잠자리는 계통학적으로 절지 동물문(Arthropoda), 곤충강(Hexapoda), 유시아강(Pterygota), 잠자리목(Odonata)으로 분류된다. 잠자리목의 분류는 1차적으로 날개의 특징을 기초로 분류한다. 잠자리아목에는 왕잠자리상과, 장수잠자리상과, 잠자리상과가 있고, 실잠자리아목에는 실잠자리상과, 청실잠자리상과, 물잠자리상과가 있다.

2. 잠자리목의 구조와 생태

잠자리의 머리에는 3~7마디의 짧은 더듬이가 있다. 커다란 눈은 반구상으로 부풀어올라 1만~3만 개의 낱눈으로 구성된 겹눈〔複眼〕과 정수리에 3개의 홑눈〔單眼〕이 발달되어 있어 먼 곳을 잘 볼 수 있다. 막대기의 끝에 앉아 있던 깃동잠자리가 갑자기 날아올라서 날아가는 곤충을 잡아 입에 물고 원위치로 되돌아올 수 있는 것은 바로 이런 눈의 구조를 가지고 있기 때문이다.

'잠자리 재주넘기'라는 말도 있듯이, 공중으로 날아오른 다음 급히 몸을 뒤집는 행동은 보통 먹이를 잡기 위한 것이다. 입들의 구조는 씹어먹는 데 알맞은 저작형이며, 튼튼한 큰 턱과 윗입술을 가지고 있어서 왕잠자리에게 손가락을 물리면 아플 뿐만 아니라 때로는 피가 나는 수도 있다.

가는 목은 머리를 회전시킬 수 있고, 가슴에는 3쌍의 다리가 있다. 잠자리는 공중 생활을 주로 하기 때문에 걸어다닐 필요가 없어서인지 다리가 연약한 편이나 6개의 다리에는 예리한 가시털이 많이 나 있어서 다리를 모으면 먹이를 잡아서 가둘 수 있는 그물 구실을 한다.

배는 10마디로 이어져 있다. 수컷의 제 2, 3마디 아랫면에 교접기가 돌출해 있는데 이것을 제 2성기라 부르고, 제 9마디에 있는 것을 제 1성기라고 한다.

날개는 가슴의 중심에서 약간 앞쪽에 붙어 있다. 항공 역학적으로 볼 때 4개의 날개는 따로따로 움직이며 공중에서 정지할 수도 있고, 또 힘차고 빠르게 날아다닐 수도 있다. 그래서 우리는 잠자리를 보면 헬리콥터를 떠올리게 된다. 길고, 시맥(翅脈)이 매우 많은 막상(膜狀)으로 구성된 4개의 날개에 제각기 근육이 붙어 있기 때문에 급회전으로 방향을 바꿀 수도 있다. 공중을 날려면 날개를 움직여서 공기를 뒤로 밀어 내야 하는데, 그러자면 날개는 자연히 얇고 가볍고 튼튼해야 한다. 잠자리의 날개는 유충의 기문(氣門)의 상측(上側)에 발달한 아가미가 기능 전화(轉化)한 것이라고 추정하고 있다.

잠자리는 번데기의 단계를 거치지 않고 알, 유충, 성충으로 탈피하는 불완전 변태를 한다. 완전 변태를 하는 곤충(나비, 딱정벌레 등)의 날개는 성장하는 과정에서 몸 속에서만 커져 밖에서는 보이지 않고 번데기로 탈피할 때가 되어서야 비로소 외부에 나타난다. 그에 비하면 잠자리는 참으로 정직한 곤충으로 유충 단계에서부터 날개의 모양을 찾을 수 있다.

잠자리 유충의 날개싹[翅芽]은 유충이 허물을 벗을 때마다 차츰 크게 자라고 최후의 성충으로 탈피할 때에는 급격히 커다란 날개를 가진다. 유충은 물 속에서 살며, 장구벌레, 실지렁이, 올챙이, 송사리 등 자신의 몸 크기에 알맞은 먹이를 잡아먹으며 산다. 종류에 따라 호흡은 꼬리에 있는 기관 아가미와 직장의 아가미를 이용하여 물 속의 산소를 호흡한다. 보통 8~9회 정도의 허물을 벗는 탈피 과정을 거치며, 종류에 따라 짧은 것은 2개월, 보통은 1~2년, 긴 것은 3~4년, 7~8년의 유충기를 물 속에서 보낸다.

잠자리의 성충이 우화(羽化)하기 시작하는 계절은 종류에 따라 대개 일정하다. 유충기가 긴 종류는 주로 봄에 많고, 유충기가 1년 이내의 것들은 여름인 6~8월에 가장 많이 우화하나 부정기적으로 우화하는 경우도 있다.

우화의 과정은 유충의 등가슴 중앙이 세로로 갈라지면서 성충이 빠져 나오는데, 먼저 다리로 몸을 떠받치고 껍데기에서 복부를 뽑아 낸다. 우화의 모습은 거꾸로 매달리는 도수형(到垂型, 실잠자리 등)과 직립형(直立型, 왕잠자리 등)으로 크게 구분한다. 이렇게 성충으로 변하는 유충의 극적인 탈바꿈은 보는 이의 마음에 생명의 경이로움을 느끼게 할 정도로 아름답다.

 잠자리 성충의 수명은 다른 곤충에 비해 긴 편으로 1~6개월 정도이다. 묵은실잠자리처럼 추운 겨울을 성충인 상태로 겨울잠을 자는 것도 있다. 성충은 우화 직후 날개와 복부가 굳어지면서 날 수 있는 힘이 생긴다. 초원이나 산으로 생활권을 옮겨 가 먹이를 충분히 잡아먹으면서 성숙해진다. 몸의 색상도 차츰 변해 우화 직후와는 다른 경우가 있는데, 이것은 좀잠자리속과 밀잠자리속에서 흔히 볼 수 있다.

 잠자리는 성충이나 유충이나 일생 동안 육식성이며, 먹이를 잡아먹는 시간대는 주로 아침과 저녁이다. 산 계곡에 사는 잠자리 무리는 주로 하루살이나 각다귀과의 곤충을 먹고 살며, 연못이나 저수지에 사는 잠자리 무리는 파리와 같은 곤충을 먹고 산다. 왕잠자리과의 잠자리는 실잠자리나 좀잠자리속의 잠자리를 잡아먹기도 하나 그런 경우는 매우 드물다.

 교미는 주로 낮 동안에 이루어지는데, 수컷은 암컷이 자신의 영역에 들어오면 잠자리만이 할 수 있는 아주 독특한 고리 모양의 하트형 자세로 교미를 시작한다. 수컷의 꼬리 끝에 있는 부속기를 암컷의 머리 뒤쪽이나 앞가슴에 연결하고, 암컷이 복부를 구부려서 제 9마디에 있는 생식기를 수컷의 제 2, 3마디에 있는 제 2성기에 접함으로써 가능한데, 이것은 수컷의 정자가 제 9마디절의 제 1성기에서 제 2, 3마디의 제 2성기로 옮겨지기 때문이다. 결국 잠자리의 교미는 암컷의 도움 없이 수컷 혼자서는 불가능하다.

 교미가 끝나면 암컷은 산란 행동으로 들어간다. 종류에 따라서는 암컷 혼자서 단독 산란을 하는 경우도 있으나, 왕잠자리과와 실잠자리과 일부는 암수가 연결한 채로 연결 산란을 한다. 이런 행동은 암컷을 경호한다는 의미도 있으나, 연결 상태로 산란을 하면 다른 수컷에게 암컷을 새치기당하는 일이 없기 때문이다. 왜냐 하면 암컷의 정자 저장 기관에 비축되어 있는 정자(精子)는 교미시에 다른 수컷에 의해 제거되기 때문이다. 암컷이 단독으로 산란하는 종류도 수컷이 옆에서 망을 보다가 다른 수컷이 접근해 오면 쫓아 내는데, 이런 행동을 산란 경호(産卵警護)라고 한다.

종류에 따라 산란 행동도 각양 각색이다. 암컷이 완전히 물 속에 잠수해 들어가 식물 줄기에 산란하는 잠수 산란(潛水産卵)과 수면에 알을 떨어뜨리는 타수 산란, 식물 조직 내에 산란을 하는 등 여러 가지가 있다. 이처럼 자손을 남기기 위해 암컷을 둘러싼 수컷의 경쟁은 매우 치열하다.

어린이들이 즐겨 부르는 잠자리에 관한 동요로 다음과 같은 것이 있다.

> 잠자리 날아다니다
> 장다리꽃에 앉았다.
> 살금살금 바둑이가
> 잡다가 놓쳐 버렸다
> 짖다가 날려 버렸다.

이 동요를 마음 속으로 따라 부르다 보면, 저녁 해질 무렵 붉은 노을 아래 잠자리가 떼를 지어 날아다니던 어린 시절이 떠오른다. 그런 잠자리를 쫓아다니며 잡아서 손가락 사이에 날개를 끼고 신기하게 바라보는 어린이들을 요즘에는 보기 힘들다.

잠자리 구조

● 성충의 명칭

● 성충의 안면 명칭

● 유충의 명칭

실잠자리과

황등색실잠자리속
꼬마실잠자리속
노란실잠자리속
아시아실잠자리속
등검은실잠자리속
북방실잠자리속

실잠자리과

1. 황등색실잠자리

Mortonagrion selenion Ris

황등색실잠자리속

특 징 수컷은 가슴이 황록색 바탕에 흑색 세로줄 무늬가 있고, 머리의 안 후문에 눈썹 모양의 구부러진 무늬가 특징이며, 성숙하여도 색상은 그다지 변하지 않는다. 암컷은 우화 직후 미성숙일 때에는 몸 전체가 적색을 띠고 옆가슴과 등가슴에 무늬가 없으나 성숙해 갈수록 옅은 녹색으로 변하여 배의 등면에 세로줄 무늬가 나타난다. 그러나 머리의 안 후문은 전체가 어두운 녹색으로, 수컷처럼 눈썹 모양의 무늬도 없고 가슴에도 흑색 줄무늬가 없다.

생 태 교미 후 암컷은 미나리과, 겨자과의 부드러운 식물 조직 내에 산란을 한다. 여름형이 낳은 알은 약 10일 후 부화하여 다 자란 유충의 상태로 겨울을 보낸 다음 봄에 직립형으로 우화하여 봄형이 된다. 유충은 농수로나 저수지 상류에 산다.

우화형 직립형
출현기 5월 초순~8월 중순(두 번 출현)
성 충 배 길이 18~24mm, 뒷날개 길이 12~17mm
유 충 몸 길이 11~14mm, 옆꼬리 아가미 길이 5mm 내외
분 포 한반도 동해안을 제외한 전역, 중국 중·북부, 아무르, 타이완, 일본 등

| 1 | 2 | 3 | 4 | 5 | 6 | 7 | 8 | 9 | 10 | 11 | 12 |

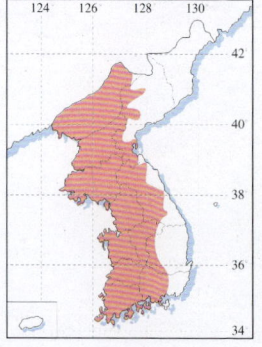

실잠자리과

우화 ♀ 1994. 5. 13. 성남 중앙지

미성숙 ♀ 1993. 5. 28. 전남 진도

교미 1993. 6. 13. 경기 양수리

2. 꼬마실잠자리(신칭)

Agriocnemis pygmaea Rambur   꼬마실잠자리속

특 징 우리 나라에 살고 있는 실잠자리 무리 중에서는 몸 길이가 가장 짧은 종류이다. 성숙한 수컷은 녹색 바탕에 머리와 앞가슴 등면, 배 등면은 흑색 줄무늬가 있으며, 배마디는 전체가 옅은 분홍색을 띠는데, 특히 배 제 7, 10마디와 교미 부속기는 짙은 분홍색을 띤다. 미성숙 암컷은 등가슴의 중앙부에 흑색 줄무늬가 있고, 몸 전체는 분홍색을 띠는데, 성숙해지면서 몸 색상은 차츰 녹색으로 변한다.

생 태 성숙한 수컷은 수생 식물의 줄기에 앉아 영역을 확보하고 암컷을 기다리는데, 다른 수컷이 영역을 침범하면 즉시 날아가 내쫓는다. 교미는 정수 식물의 잎에 앉아 하고, 교미가 끝난 암컷은 혼자서 수면 부근의 정수 식물의 줄기 속에 산란한다. 유충은 정수 식물이 무성한 부영양호의 늪지, 방죽, 농수로 주변에 산다.

출현기 5~6월
성 충 배 길이 13~15mm, 뒷날개 길이 7~9mm
유 충 몸 길이 6~8mm, 옆꼬리 아가미 길이 4.5mm 내외
분 포 한반도 서남부, 중국 남부, 타이완, 동양 열대구, 일본 난세이 제도

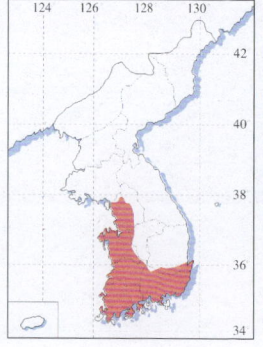

| 1 | 2 | 3 | 4 | 5 | 6 | 7 | 8 | 9 | 10 | 11 | 12 |

실잠자리과

성숙 ♂ 1997. 6. 11. 광명 하안동 안골지

3. 노란실잠자리

Ceriagrion melanurum Selys   노란실잠자리속

특 징 수컷은 몸 전체가 황색 바탕에 약간 황갈색을 띠고 있다. 등가슴과 옆가슴은 황록색이고 무늬는 없다. 배 제 1~6마디 등면은 산뜻한 황색이며, 제 7마디는 모두 흑색이다. 암컷은 몸 색상이 수컷과 동일한 황색형과 전혀 다른 녹색형이 있다. 남부 지방에서는 황색형이 녹색형에 비해 개체 수가 적고, 중·북부 지방에서는 반대로 개체 수가 많은 경향이 있다.

생 태 우화는 직립 자세로 탈피하며, 약 20일이 지나면 성적으로 성숙해지는데, 미성숙 개체와 성숙 개체의 몸 색상은 별로 차이가 없다. 수컷은 암컷과 연결한 채로 몸을 똑바로 일으켜 세워 산란 경호를 하며, 암컷은 수생 식물의 조직 내에 산란관을 집어넣어 산란한다. 유충은 평지의 저수지나 방죽에 산다.

우화형 직립형
출현기 5월 하순~9월 하순
성 충 배 길이 22~35mm, 뒷날개 길이 15~22mm
유 충 몸 길이 15~17mm, 옆꼬리 아가미 길이 6mm 내외
분 포 한반도 전역, 제주도, 중국 중·북부, 일본 등

| 1 | 2 | 3 | 4 | 5 | 6 | 7 | 8 | 9 | 10 | 11 | 12 |

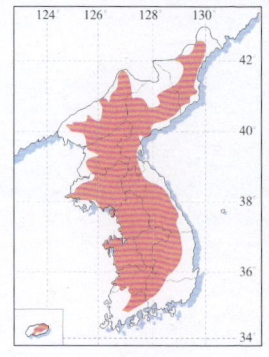

실잠자리과

미성숙 ♂ 1993. 7. 4. 강원 춘천

미성숙 ♀ 1993. 6. 20. 전북 군산

성숙 ♀ 1992. 5. 22. 문산 임진각

4. 연분홍실잠자리(신청)

Ceriagrion nipponicum Asahina   노란실잠자리속

특 징 노란실잠자리와 닮은 실잠자리로서, 암수 모두 겹눈과 가슴은 녹색이다. 수컷은 배마디가 분홍색을 띠고, 암컷은 배마디가 옅은 녹갈색을 띠는데, 특히 제 7~9마디 등면에 흑색 무늬가 있다.

생 태 유충은 주로 평지의 갈대나 부들, 줄 등의 정수 식물이 무성한 부영양호의 연못, 늪지, 하천에서 산다. 미성숙일 때에는 우화 수역 부근에서 생활하며, 성숙하면 수컷은 물가의 정수 식물의 부근에 앉아 영역을 확보하고 암컷을 기다린다. 교미는 정수 식물의 잎에 앉아 약 30분간 하며, 교미가 끝난 암수는 연결한 채로 물가 부근의 식물의 줄기 속에 산란하는데, 이 때 수컷은 몸을 똑바로 치켜들고 산란 경호를 한다.

출현기 7~9월, 제주도는 11월 중순까지도 볼 수 있다.
성 충 배 길이 30~33mm, 뒷날개 길이 20~23mm
유 충 몸 길이 14~15mm, 옆꼬리 아가미 길이 5mm 내외
분 포 한반도 남부(전북 정읍, 순창 등), 제주도, 타이완, 중국 중·남부, 일본 등

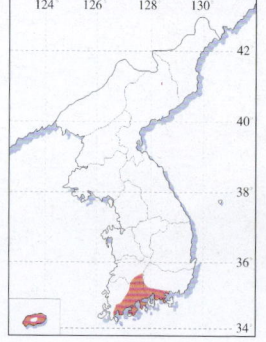

실잠자리과

미성숙 ♀ 1997. 10. 18. 제주 종달리

실잠자리과

성숙 ♀ 1997. 10. 20.
제주 남읍리

성숙 ♂ 1997. 10. 18. 제주 종달리

실잠자리과

성숙 ♂ 1997. 10. 20. 제주 상대리

5. 아시아실잠자리

Ischnura asiatica Brauer

아시아실잠자리속

특 징 수컷은 몸 전체가 청록색을 띤다. 앞가슴 등면에 2줄의 가는 청록색 줄무늬가 있으며, 옆가슴에는 일직선으로 흑색 줄무늬가 등 쪽으로 나 있다. 배 제 2마디 등면의 흑색 무늬는 제 8마디의 끝까지 연결되어 있고 제 9마디만 옅은 청색이다. 암컷은 우화 직전에는 몸 전체가 적색 바탕에 등면 중앙부에 흑색 줄무늬가 있으나 차츰 성숙하여 갈수록 몸 전체가 녹색을 띠게 되는 녹색형과 성숙해도 몸 색상이 미성숙 개체와 동일한 황등색형의 두 가지가 있다. 이런 황등색형은 주로 남부 지방에서 가끔 발견되는데, 개체 수는 그다지 많지 않다.

생 태 남부 지방에서는 연 3~4회, 중·북부 지방에서는 연 2~3회 정도 발생한다. 초봄에 우화하는 개체들은 늦여름에 우화하는 개체들보다는 몸의 크기가 약간 크지만, 우리 나라에 살고 있는 실잠자리 무리 중에서는 크기가 가장 작다. 우화는 똑바른 직립 자세로 탈피한다. 암컷은 정수 식물이나 쇠뜨기 같은 식물 조직 내에 산란한다. 유충은 평지의 저수지, 하천, 농수로 등에 살고, 꼬리 아가미의 중앙부에 1개의 갈색 가로줄 무늬가 있는 것이 특징이며, 이 꼬리 끝의 3개의 아가미는 약한 충격에도 떨어지기 쉬우나 곧 새롭게 자라나는 재생 능력이 있다.

우화형 직립형
출현기 4월 초순~11월 초순
성 충 배 길이 20~24mm, 뒷날개 길이 12~19mm
유 충 몸 길이 12~15mm, 옆꼬리 아가미 길이 4.5mm
분 포 한반도 전역, 제주도, 울릉도 등 부속섬, 타이완, 중국, 만주, 일본 등

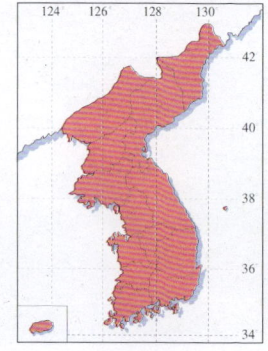

실잠자리과

미성숙 ♂ 1993. 5. 1. 김포 오두산

미성숙 ♀ 1993. 5. 14. 경남 우포늪

실잠자리과

성숙 ♂ 1993. 5. 19. 문산 임진각

실잠자리과

교미 1993. 6.18. 부여 옥산지

산란 우 1993. 5. 19. 문산 임진각

6. 남아시아실잠자리(신칭)

Ischnura senegalensis Rambur 　　아시아실잠자리속

특 징 아시아실잠자리와 닮았으나 수컷은 성숙하면 전체적으로 청록색을 강하게 띤다. 배마디 등면이 흑색이며, 제 8마디는 선명한 담청색을 띤다. 암컷은 미성숙일 때에는 전체적으로 등적색을 띠나 배마디 등면과 등가슴은 흑색을 띠고, 배 제 1, 2마디의 대부분이 등적색이다. 성숙하면 몸 전체가 녹색으로 변하는 녹색형과 등적색형이 있다.

생 태 성숙 개체나 미성숙 개체 모두 우화 수역 부근에서 이동하지 않고 뒤섞여 생활한다. 중·남부 해안가 평지의 늪지와 논두렁 주변의 정수 식물이 무성한 곳에 주로 많다. 1년에 3~4회 정도 발생한다. 교미는 주로 오전 중에 정수 식물의 잎에 앉아 장시간에 걸쳐 한다. 교미를 끝낸 암컷은 혼자서 물가 식물의 줄기 조직 내에 산란한다. 유충은 녹갈색을 띠며, 꼬리 아가미가 가늘고 끝이 뾰족하다.

출현기 4~10월
성 충 배 길이 23~25mm, 뒷날개 길이 15~18mm
유 충 몸 길이 15~18mm, 옆꼬리 아가미 길이 6~7mm
분 포 한반도 전북, 전남, 완도, 진도, 제주도, 타이완, 중국, 동남 아시아, 아프리카, 일본 등

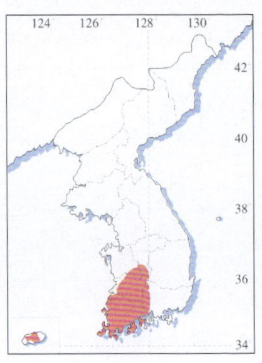

실잠자리과

미성숙 ♂ 봄형 1993. 5. 29. 전남 해남

실잠자리과

미성숙 ♀ 봄형 1993. 5. 30. 전남 영암

미성숙 ♂ 여름형 1992. 9. 5. 전남 영암

실잠자리과

미성숙 우 여름형 1992. 5. 5. 전남 영암

7. 멋쟁이아시아실잠자리(신칭)

Ischnura elegans Vander Linden / 아시아실잠자리속

특 징 성숙한 수컷은 몸 색상이 청록색이다. 암컷은 수컷의 몸 색상과 닮은 동색형과 몸 색상이 전혀 다른 이색형이 있는데, 이색형은 주로 등갈색, 옅은 갈색, 분홍색 등 다양하다. 남아시아실잠자리와 닮았으나 본 종이 좀 더 크고, 암수 모두 옆가슴의 끝 부분 중앙에 돌기가 돌출해 있으며, 수컷의 교미 부속기가 특이하게도 사각이라서 구별하기 쉽다.

생 태 성숙한 수컷은 비교적 규모가 큰 호숫가의 우거진 갈대숲 주변의 농수로, 논두렁 등의 풀밭에 앉아 텃세권을 확보하고, 오후 1~3시경부터 암컷을 만나면 풀밭에 앉아 장시간 교미한다. 교미가 끝난 암컷은 혼자서 날아다니며 수면 부근의 정수 식물의 줄기 조직 내에 산란한다.

출현기 6~8월
성 충 배 길이 26~28mm, 뒷날개 길이 20~22mm
유 충 몸 길이 17~19mm, 옆꼬리 아가미 길이 8mm 내외
분 포 한반도 중·북부의 규모가 큰 호수 주변, 유럽, 일본 홋카이도

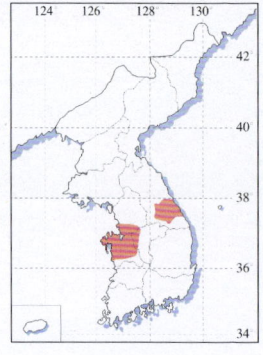

실잠자리과

교미 1997. 6. 16. 충남 대호지

8. 등검은실잠자리

Cercion calamorum Ris   등검은실잠자리속

특 징 미성숙일 때에는 배마디 등면이 흑색 바탕에 약간 녹색을 띠고 있다. 성숙해지면 수컷의 머리와 가슴, 배 제 3, 4마디는 청남색 바탕에 옅은 보라색 가루분이 나타나며, 배 제 8~10마디는 청색이고 배마디 등면 대부분이 흑색이다. 암컷은 옆가슴에 넓은 흑색 테두리의 줄무늬가 있으며, 그 이외에는 별다른 무늬가 없다. 등검은실잠자리의 머리를 크게 확대해 보면 겹눈이 크게 돌출해 있고 더듬이는 매우 짧다.

생 태 오전 중에 직립형으로 우화하며, 15일 만에 성숙하여 교미를 마치면 암컷은 수면에 떠 있는 수생 식물의 줄기에 앉아 조직 내에 산란한다. 이들이 수생 식물의 조직 내에 산란하는 것은 알이 물살에 떠내려가는 것을 방지하면서 부화의 효율도 높이기 위함이다. 유충은 늪, 강변 유역의 정수 식물이 무성한 곳에 살고 몸의 끝 부분에 3개의 갈색 무늬가 있는 것이 특징이다. 유충은 위험에 빠졌을 때 죽은 체하거나 꼬리 아가미를 이용하여 헤엄쳐 도망하는데, 심할 때에는 긴 배를 뒤틀며 방어 행동을 취한다.

출현기 5~10월
성 충 배 길이 21~26mm, 뒷날개 길이 15~22mm
유 충 몸 길이 14~16mm, 옆꼬리 아가미 길이 5.5mm
분 포 한반도 전역, 제주도, 중국, 타이완, 인도, 일본 등

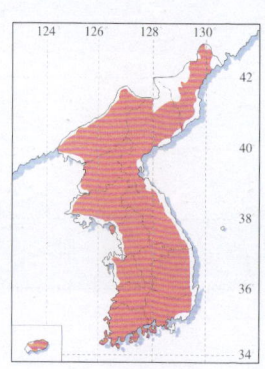

| 1 | 2 | 3 | 4 | 5 | 6 | 7 | 8 | 9 | 10 | 11 | 12 |

실잠자리과

미성숙 ♀ 1993. 6. 13. 경기 양수리

성숙 ♂ 1993. 6. 13. 경기 양수리

교미 1993. 6. 13. 경기 양수리

우 화 과 정 1

실잠자리과

1 6:50
2
3 7:00
4
5
6

1~2. 등검은실잠자리의 유충은 수면 위 마른 풀줄기에서 우화하기 위해 자리를 잡는다.
3~8. 오전 7시가 되자 탈바꿈을 시작한다.

1996. 6. 5. 6:00~8:30 경기 양수리

실잠자리과

9. 오전 7시 30분이 되자 미성숙한 잠자리가 빠져 나온다.
10~13. 불완전 탈바꿈에 성공한 미성숙한 잠자리의 모습이 나타났다.

우화과정 2

실잠자리과

14~20. 날개를 조금씩 펴면서 서늘한 바람을 맞으며 날개를 말리고 있다.

1996. 6. 5. A.M. 6:00~8:30 경기 양수리

실잠자리과

21   7:45

22

23

21~27. 오전 7시 45분에는 날개가 마르면서 날개 빛이 미등색으로 변하고 있다. 날개가 모두 마르면 날개 빛이 무색 투명하다.

24

25

26

27

9. 등줄실잠자리

Cercion hieroglyphicum Brauer 등검은실잠자리속

특 징 수컷은 옆가슴이 짙은 녹색을 띠고 있으나 무늬는 없고, 암컷은 옅은 녹색이며, 배의 밑부분은 황록색을 띠고 있다. 암수 모두 배마디 등면의 중앙에 흑색의 세로줄 무늬가 있고, 배 제 7, 9마디에 청색 무늬가 아로새겨져 있다. 등검은실잠자리속 중에서는 가장 흑색이 옅고, 오히려 녹색미가 강해서 비슷한 다른 종류들과는 쉽게 구별된다.

생 태 미성숙 개체와 성숙 개체 간의 색상은 별 차이가 나지 않는다. 교미가 끝난 암수는 연결한 채로 날아다니며 적당한 산란 장소를 찾아 암컷이 식물의 줄기 속에 산란관을 넣고 산란하는데, 이 때 이들의 몸무게에 의해 식물이 물 속으로 잠기기라도 하면 암컷은 그대로 잠수해서 산란을 하는 경우도 있다. 유충은 평지의 늪, 저수지, 농수로, 하천변에 살고, 몸 색상은 주로 짙은 갈색이나, 서식지에 따라 옅은 녹색을 띠는 개체도 있다.

우화형 직립형
출현기 5월 초순~9월 중순
성 충 배 길이 22~29mm, 뒷날개 길이 14~20mm
유 충 몸 길이 13~15mm, 옆꼬리 아가미 길이 5mm 내외
분 포 한반도 전역, 제주도, 중국 중·북부, 일본 등

| 1 | 2 | 3 | 4 | 5 | 6 | 7 | 8 | 9 | 10 | 11 | 12 |

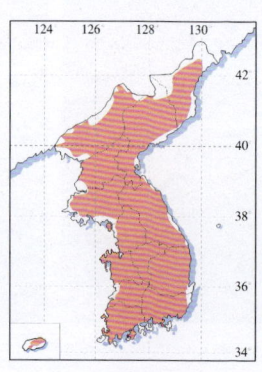

실잠자리과

미성숙 ♂ 1993. 5. 30. 전남 도포

미성숙 ♀ 1993. 6. 18. 충남 부여 옥산지

성숙 ♂ 1993. 5. 30. 전남 도포

10. 왕실잠자리

Cercion v-nigrum Needham

등검은실잠자리속

특 징 미성숙한 수컷은 전체적으로 청록색을 띠고 있으며, 등가슴에는 2줄의 청록색 줄무늬가 있다. 배면은 청록색이나 등면은 흑색이다. 배 제 8, 9, 10마디에 청록색 무늬가 있다.

생 태 산지의 습지 물웅덩이에서 우화한 미성숙 개체는 숲 속으로 이동하여 생활한다. 성숙하면 수컷은 이른 아침부터 물가에 나타나서 부엽 식물이나 침수 식물에 앉아 세력권을 확보하고 암컷을 기다린다. 교미는 물가 주변의 정수 식물의 잎에 앉아서 한다. 교미가 끝난 암수는 연결한 채로 날아다니다가 수면 부근의 식물 조직 속에 암컷이 산란하는데, 이 때 수컷은 직립 자세로 몸을 번쩍 치켜들고 산란 경호를 한다.

출현기 5월 하순~8월
성 충 배 길이 38mm, 뒷날개 길이 33mm
분 포 한반도 중부

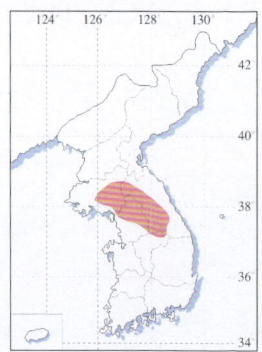

실잠자리과

미성숙 ♂ 1992. 6. 11. 경기 천마산

11. 우포실잠자리(신칭)

Cercion sieboldii Selys   등검은실잠자리속

특 징 미성숙 수컷은 전체적으로 보라색을 띠며, 암컷은 몸 전체가 옅은 녹색으로 배의 등면이 모두 흑색이나 제9마디에 청색 무늬가 있다. 성숙 개체는 모두 옅은 청색 바탕에 흑색 무늬가 있다. 등검은실잠자리, 등줄실잠자리와 생김새는 비슷하지만 배 제 3~6마디의 등면은 긴 흑색 무늬 사이에 청색 반점이 있고, 제 8~10마디는 청색을 띠지만 등면에 흑색 점무늬가 있어 구별이 쉽다.

생 태 주로 유충은 늪지와 하천 주변의 정수 식물이 무성한 곳에 살고, 봄과 여름에 두 번 발생한다. 미성숙일 때에는 우화 수역 부근에서 생활하며, 성숙하면 수컷은 물가의 정수 식물 부근에 세력권을 확보하고 암컷을 기다려 교미한다. 교미가 끝난 암수는 연결된 채로 날아다니며 물가의 식물 조직 속에 산란하는데, 식물이 물 속으로 잠기기라도 하면 암컷은 그대로 잠수해서 산란하는 경우도 있다. 우포늪에서 처음으로 필자에 의해 발견된 한국 미기록종이어서 '우포실잠자리'라고 이름을 붙였다.

출현기 5월 초순~10월
성 충 배 길이 25~29mm, 뒷날개 길이 20~25mm
유 충 몸 길이 16~18mm, 옆꼬리 아가미 길이 7mm 내외
분 포 한반도 중·남부, 중국, 일본 등

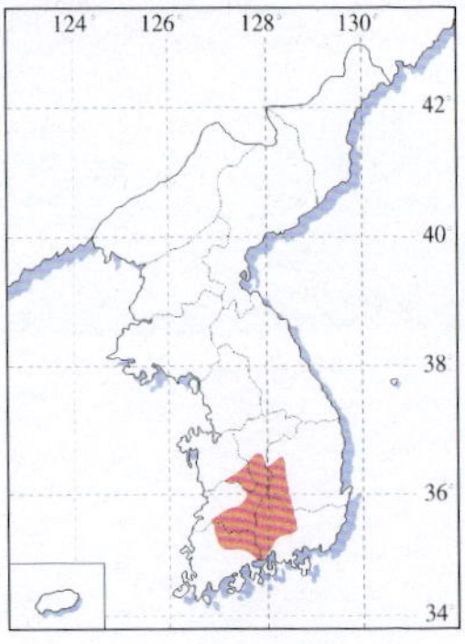

실잠자리과

미성숙 ♂ 1993. 5. 14. 경남 우포늪

성숙 ♂ 1993. 5. 14. 경남 우포늪

교미 1993. 5. 14. 경남 우포늪

12. 큰등줄실잠자리(신칭)

Cercion plagiosum Needham

등검은실잠자리속

특 징 미성숙일 때의 수컷은 몸 전체가 녹색을 띠고 있으나, 성숙하면 수컷은 전체적으로 담청색을 띤다. 암컷은 연녹색형과 담청색형이 있다. 앞가슴과 등가슴에 복잡한 흑색 줄무늬가 있는데, 배마디 사이의 간격을 나타내는 좁은 흑색 줄무늬는 선명한 것이 특징이다. 몸 색상과 무늬가 등줄실잠자리와 닮았으나 그 중에서 가장 크기 때문에 구별할 수 있다.

생 태 규모가 큰 저수지인 초평 저수지의 상류에서 필자에 의해 처음으로 발견되었다. 미성숙 개체는 정수 식물이 무성한 곳에 산다. 6월 초순경에 성숙한 수컷은 물가의 키 작은 나무에 앉아 세력권을 확보하고 암컷이 나타나면 교미를 한다. 교미를 끝낸 암수는 연결한 채로 날아다니다가 적당한 산란 장소를 발견하면 교미 자세를 잠시 풀고 암컷이 수면에 떠 있는 식물의 조직 속에 산란을 하는데, 이 때 수컷은 다른 수컷이 접근하면 직립 자세로 몸을 번쩍 치켜들고 산란 경호를 한다.

출현기 5월 초순~7월
성 충 배 길이 33~35mm, 뒷날개 길이 25~27mm
유 충 몸 길이 21mm, 옆꼬리 아가미 길이 7.5mm
분 포 한반도 중·남부, 중국 중·북부, 일본 등

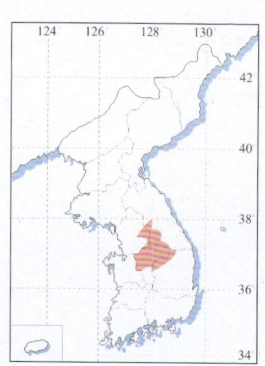

실잠자리과

성숙 우 1997. 6. 20. 군산 한림

실잠자리과

교미 전 연결 ♂ 우 1997. 6. 20. 군산 한림

교미 착각 등검은실잠자리 ♂ + 큰등줄실잠자리 ♂ 1993. 6. 6. 충북 초평지

실잠자리과

교미 1993. 6. 6. 충북 초평지(이범호)

13. 시골실잠자리

Coenagrion ecornutum Selys 북방실잠자리속

특 징 수컷은 전체적으로 담청색 바탕에 넓은 흑색 줄무늬가 곱게 아로새겨져 있다. 배 제 9마디의 등면에 하트 형의 조그만 흑색 점무늬가 있다. 암컷은 수컷에 비해 배마디 등면에 있는 담청색 무늬가 짧고 흑색 무늬는 길며, 배가 가슴에 비하여 굵다.

생 태 직립형으로 우화한다. 다른 실잠자리속에서 볼 수 있는 텃세권을 행사하지 않아 특이하다. 이러한 것은 한정된 서식지에서 냉엄한 환경에 고립된 종의 집단을 유지해 나가기 위해서는 영역을 확보할 시간적 여유가 없는 것인지도 모르며, 짧은 기간 동안 번식 활동을 하여 종의 생존을 보존하기 위한 방법이라 생각된다. 유충은 산 속의 연못이나 물웅덩이 등에 살고, 몸 색상은 황록색을 띠고 있으며, 몸매가 가늘고 섬세하다.

우화형 직립형
출현기 6월 중순~8월 초순
성 충 배 길이 23~24mm, 뒷날개 길이 15~18mm
유 충 몸 길이 11~12mm, 옆꼬리 아가미 길이 5mm 내외
분 포 한반도 중·북부 산악 지역, 연해주, 아무르, 우수리, 사할린, 일본 홋카이도

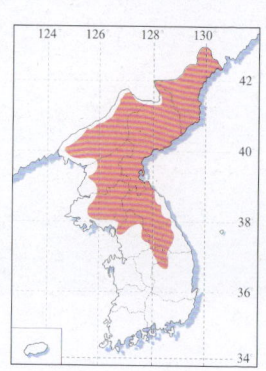

실잠자리과

교미 1993. 6. 24. 경기 주금산

산란 1994. 6. 11. 경기 주금산   유충 1993. 6. 24. 경기 주금산

14. 큰실잠자리

Coenagrion hylas Trybom

북방실잠자리속

특 징 북방실잠자리속의 공통적인 특성인 담청색 바탕에 흑색 띠무늬가 잘 발달되어 있다. 성숙한 수컷의 배 제 1마디의 등면에는 2줄의 흑색 테두리 무늬가 있다. 암컷의 배 제 1~8마디 등면에는 청색 무늬가 있으나 수컷에 비하여 짧고 흑색 무늬가 더 발달해 있다. 성숙, 미성숙의 색상 차이는 별로 없다.

생 태 암컷을 발견한 수컷은 공중에서 정지 비행을 하면서 몸을 흔들어 구애 행동을 하고, 교미 후 암수가 연결한 채로 식물 조직 속에 산란을 한다. 유충은 수온이 낮은 물에서 생활하므로 서식지가 한정된 편이며, 주로 산 속의 차가운 물이 괴어 있는 습지성 물웅덩이와 휴경 논에 산다. 몸 색상은 담갈색 바탕에 섬세한 갈색 반점이 많이 나 있다.

우화형 직립형
출현기 6월 중순~7월 중순
성 충 배 길이 26~32mm, 뒷날개 길이 22~26mm
유 충 몸 길이 13~14mm, 옆꼬리 아가미 길이 6mm 내외
분 포 한반도 중·북부, 중국 동·북부, 우수리, 사할린, 유럽, 일본 홋카이도 등

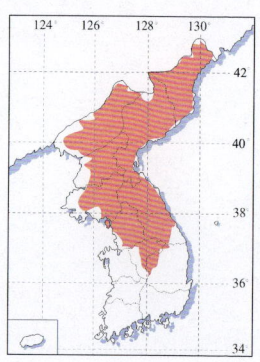

| 1 | 2 | 3 | 4 | 5 | 6 | 7 | 8 | 9 | 10 | 11 | 12 |

실잠자리과

미성숙 ♀ 1993. 5. 22. 경기 천마산

미성숙 ♂ 1993. 5. 22 경기 천마산

교미 1993. 6. 27. 경기 천마산

15. 북방실잠자리

실잠자리과

Coenagrion lanceolatum Selys　　　　북방실잠자리속

특 징 암수 모두 몸 전체가 담청색 바탕에 배마디 사이사이에 좁은 흑색 띠무늬가 아로새겨진 아름답고 귀여운 실잠자리이다. 수컷은 암컷에 비해 청색을 좀더 강하게 띠고, 배 제 2마디의 등면에 흑색 무늬가 있으며 제 8, 9 마디는 전체가 청록색이다. 성숙 개체는 미성숙 개체보다 전체적으로 조금 짙은 청보랏빛을 띤다.

생 태 우화 후 약 15일이 지나면 성숙해지는데, 다른 실잠자리류들처럼 영역을 확보하지는 않는다. 이는 서식 지역이 한정된 편이라 상당히 많은 개체가 무리를 짓고 집단으로 교미를 하는 경우가 많기 때문이다. 짝을 구하지 못한 수컷은 교미 중인 개체들 틈으로 파고들어 방해를 하거나, 다른 수컷의 가슴을 교미 부속기로 잡고 3중으로 연결을 시도하려는 경우도 종종 관찰할 수 있다. 암수는 서로 연결한 채로, 혹은 암컷 혼자서 수생 식물의 줄기 조직 속에 산란을 한다. 유충은 평지의 습지대에 살며, 몸 전체가 담갈색을 띠고 있다.

출현기 6~8월
성 충 배 길이 24~29mm, 뒷날개 길이 18~23mm
유 충 몸 길이 12~13mm, 옆꼬리 아가미 길이 5.5mm
분 포 한반도 중·북부 산악 지역

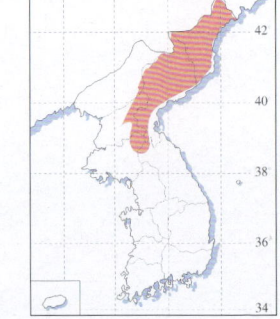

실잠자리과

성숙 ♂ 1996. 6. 20. 백두산

교미 1996. 6. 18. 백두산

16. 참실잠자리

Coenagrion convalescens Bartenef　　북방실잠자리속

특 징 수컷의 배 제 8마디는 모두 청색이고, 제 9마디는 대부분이 청색, 제 10마디는 모두 흑색이다. 배 제 2마디의 등면은 청색이고, 흑색 무늬는 뒷가두리와 양쪽에 있으며 U자 모양이다. 암컷은 몸 색상이 흑색 바탕에 등가슴에는 황색인 2개의 줄무늬가 있으며, 배마디 등면은 모두 흑색이다.

생 태 백두산 주변에서는 미성숙 개체가 산지 습지대의 한랭한 물웅덩이 주변과 습지대의 풀밭에서 산다. 성숙한 수컷은 이른 아침부터 물가 부근에서 세력권을 확보하고 암컷을 기다린다. 암컷이 세력권 내에 들어오면 붙잡아 정수 식물의 잎에 앉아서 교미하고, 교미를 끝낸 암수는 연결한 채로 물가를 날아다니며 부엽 식물이나 침수 식물의 줄기에 앉아 식물 조직 속에 산란을 한다. 암컷 혼자서 단독으로 산란하는 경우도 있다.

출현기 6월 초순~7월 하순
성 충 배 길이 35~42mm, 뒷날개 길이 30~36mm
분 포 한반도 중부, 만주, 우수리 등

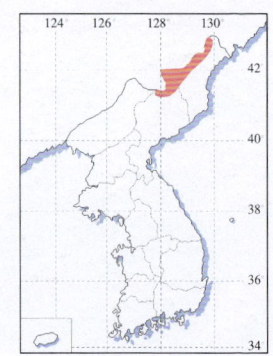

실잠자리과

미성숙 우 1996. 6. 18. 백두산

실잠자리과

미성숙 ♂ 1996. 6. 18. 백두산

반성숙 ♂ 1996. 6. 18. 백두산

방울실잠자리과

방울실잠자리속
자실잠자리속

17. 방울실잠자리

Platycnemis phillopoda Djakonov

방울실잠자리속

특 징 미성숙일 때에는 수컷이 전체적으로 짙은 갈색을 띠고 있으나 성숙해지면 청록색을 강하게 띤다. 등가슴 앞쪽은 흑색이고, 가운데에 1줄, 어깨판 가장자리에는 2줄의 황록색 줄무늬가 있다. 옆가슴은 옅은 녹색 바탕에 제 2봉선을 따라서 가느다란 흑색 줄무늬가 있다. 배 제 1~2마디의 등면은 옅은 녹색이며, 제 3~7마디의 등면은 흑색 줄무늬가 각 마디를 따라 가는 백색 띠무늬로 구분되어 있고, 제 8~10마디는 흑색이다. 성숙한 암컷은 옅은 녹색 바탕에 갈색 무늬가 많아 전체적으로는 짙은 갈색으로 보이며, 미성숙일 때와 별 차이가 없다. 수컷의 가운뎃다리와 뒷다리의 종아리마디는 백색인데, 긴 타원형으로 넓적한 방울 모양이며, 암컷에게는 이것이 없다.

생 태 눈에 잘 띄는 다리의 백색 방울은 반사경 역할을 하여 종 특유의 경계 신호를 함과 동시에 집단적으로는 침입자에 대한 위협 과시로 사용되고 있다. 이 다리의 방울을 현미경으로 들여다보면 예리한 가시가 달려 있어서 수컷끼리 싸울 때에는 이것이 무기로도 사용되며, 암컷을 만나서도 이 방울을 심하게 흔들어 구애 행동을 한다. 유충은 저수지, 늪, 강 유역에 살며, 머리 너비가 넓고 끝에 가시가 있으며 짙은 갈색이다.

우화형 직립형
출현기 6~9월
성 충 배 길이 27~30mm, 뒷날개 길이 19~21mm
유 충 몸 길이 13~14mm, 옆꼬리 아가미 길이 5~6mm
분 포 한반도 중·북부, 중국 중·북부, 우수리 등

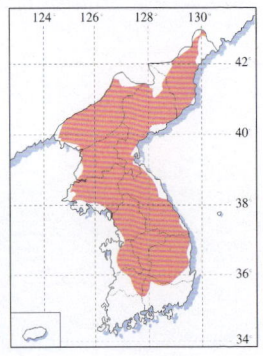

방울실잠자리과

미성숙 ♀ 1993. 6. 24. 경기 주금산

미성숙 ♂ 1993. 6. 24. 경기 주금산

방울실잠자리과

교미 1997. 6. 30. 경기 고양

방울실잠자리과

산란 경호 1997. 6. 28. 경기 장흥

산란 1997. 6. 30. 경기 고양

18. 방패실잠자리

Platycnemis foliacea Selys   방울실잠자리속

특 징 미성숙일 때에는 짙은 갈색 반점이 몸 전체를 덮고 있어 움직이지 않고 가만히 있으면 마른 풀줄기처럼 보인다. 성숙해질수록 차츰 주변의 풀색과 같은 청록색으로 변한다. 성숙한 수컷의 등가슴과 배마디 등면에는 흑색과 백색의 무늬가 발달해 있으며, 배 제 1~2마디의 옆면은 황록색이고 제 3~7마디의 옆면은 황백색의 고리 무늬가 발달해 있다. 배마디 등면과 각 마디 끝의 고리 무늬는 흑색인데, 제 10마디의 교미 부속기는 백색이다. 암컷의 다리는 돌기가 없고 등갈색인데 비해 수컷의 다리는 백색으로, 가운뎃다리와 뒷다리의 종아리마디가 긴 타원형으로 넓적하다. 가운뎃다리의 타원형 모양이 뒷다리의 것보다 길고 크기도 크다.

생 태 무리를 지어 번갈아 날아오르는데, 이러한 모습은 마치 백색 물결의 파도가 굽이쳐 넘실대듯 출렁거리는 것처럼 보인다. 백색의 다리를 마구 흔들어서 천적인 새들에게 집단 방위 행동을 하는 습성은 방울실잠자리와 같다. 유충은 저수지, 방죽, 늪에 살고, 머리 너비가 조금 넓다.

우화형 직립형
출현기 5월 중순~8월
성 충 배 길이 30~34mm, 뒷날개 길이 19~23mm
유 충 몸 길이 12~14mm, 옆꼬리 아가미 길이 6mm 내외
분 포 한반도 서·남부, 제주도, 중국, 일본 등

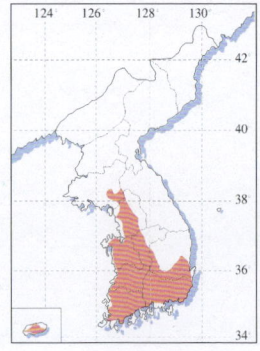

방울실잠자리과

성숙 ♂ 1993. 6. 19. 충남 송정지

미성숙 ♀ 1993. 6. 19. 충남 송정지

미성숙 ♂ 1993. 5. 14. 경남 우포늪

19. 자실잠자리

Copera annulata Selys 　　자실잠자리속

특 징 성숙한 수컷의 배마디 등면과 앞가슴 등면, 옆가슴은 흑색 무늬가 금속 광택으로 빛나 보인다. 다리의 앞허벅마디는 흑색이며, 앞종아리마디부터는 백색을 띠고 있다. 머리와 이마 꼭대기에 흑색 무늬가 있고, 그 중앙부에 담청색 무늬가 있다. 암컷은 짙은 흑갈색 무늬와 배의 황록색 무늬가 조화를 이루어 몸 전체가 적갈색 금속 광택으로 빛난다. 배 제9마디의 중간 부근부터 제10마디까지는 청백색이며, 배 제1~7마디의 등면에 있는 청백색 좁은 띠무늬는 마치 자〔尺〕의 눈금처럼 보인다. 큰자실잠자리와 매우 닮았으나 자실잠자리는 날개가 투명하고 큰자실잠자리는 옅은 적갈색을 띤다.

생 태 교미 시간은 약 2~3시간으로, 대개 교미 시간이 긴 종의 수컷이 암컷이 산란하기 직전까지 암컷을 다른 수컷으로부터 경호하려는 경향이 강하다. 산란은 식물 조직 속에 하며, 럭비 공처럼 생긴 타원형의 알을 낳는다. 유충은 숲 속의 연못, 물웅덩이 등에서 산다.

우화형 직립형
출현기 5월 중순~9월
성 충 배 길이 33~35mm, 뒷날개 길이 23~25mm
유 충 몸 길이 12~13mm, 옆꼬리 아가미 길이 12~13mm
분 포 한반도 동해안을 제외한 전역, 중국 중·서부, 일본 등

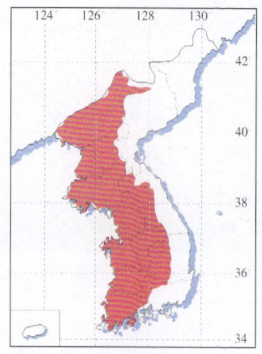

방울실잠자리과

성숙 ♂ 1993. 7. 6. 경기 칠보산   미성숙 ♂ 1993. 7. 6. 경기 칠보산

성숙 ♀ 1993. 7. 6. 경기 칠보산

20. 큰자실잠자리(신칭)

Copera tokyoensis Asahina — 자실잠자리속

특 징 수컷은 약간 청색을 띤 흑색 무늬가 잘 발달되어 있고 암컷은 흑갈색이다. 개체와 서식지에 따라 암·수컷의 등가슴 앞쪽이 흑색인 것, 흑색 바탕에 황백색 줄무늬가 흔적적으로 남아 있는 것 등 약간의 차이점이 발견된다. 수컷의 옆가슴은 흑색이며, 어깨판에 가늘고 짧은 황록색 줄무늬가 있다. 배마디 등면에 있는 흑색 무늬는 제 10마디에서 사라지기 시작하며, 좁은 황백색 띠무늬는 배 제 1~7마디까지는 선명하게 나타난다. 암컷의 다리는 적갈색, 수컷의 다리는 황백색이어서 암수를 쉽게 구별할 수 있다. 날개는 옅은 적갈색을 띠고 있으며, 미성숙일 때가 더욱 선명하다. 전체적으로 자실잠자리와 생김새가 매우 닮았으나 몸 크기가 약간 크다.

생 태 교미를 끝낸 암수는 연결한 채로 날아다니다가 적당한 산란 장소를 발견하면 교미 자세를 풀고 암컷이 식물 줄기 속에 산란하는데, 그 동안 수컷은 몸을 똑바로 쳐든 자세로 직립형 산란 경호를 한다. 이러한 행동은 방울실잠자리과의 공통된 습성이다. 유충은 저수지나 늪에 살고, 손으로 잡으면 죽은 것처럼 몸을 뻣뻣하게 경직시킨다.

우화형 직립형
출현기 5월 중순~8월 중순
성 충 배 길이 35~36mm, 뒷날개 길이 24~26mm
유 충 몸 길이 15~17mm, 옆꼬리 아가미 길이 10mm 내외
분 포 한반도 서·남부, 중국 양쯔강, 일본 관동

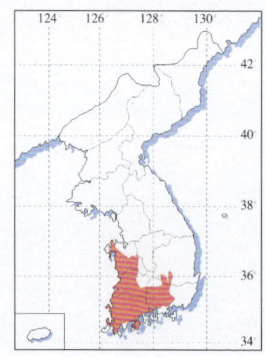

방울실잠자리과

성숙 ♀ 1993. 5. 30. 전남 도포 영가척지

성숙 ♂ 1993. 5. 30. 전남 도포 영가척지

방울실잠자리과

교미 1997. 6. 20. 군산 한림

청실잠자리과

묵은실잠자리속
가는실잠자리속
청실잠자리속

21. 묵은실잠자리

Sympecma paedisca Eversmann   묵은실잠자리속

특 징 몸은 옅은 살색 바탕에 짙은 갈색 반점이 있다. 머리는 짙은 청동색이며, 겹눈은 희미한 살색에 짙은 갈색 반점이 나 있다. 가슴과 배마디 등면에 윤곽이 선명하고 뚜렷한 긴 갈색 반점이 여기저기 흩어져 있다. 날개맥과 간실, 가두리무늬는 황갈색을 띠고 있어 날개 전체가 투명한 담갈색으로 빛난다. 이러한 수수한 몸 색상은 성숙해져도 변하지 않는다.

생 태 계절의 변화가 두드러진 온·한대 지역에서 번성하며, 모두 성충으로 월동하므로 연중 성충을 볼 수 있다. 8월 이후 기온이 서늘해지기 시작하면서 많은 개체들이 바람이 적은 분지의 양지바른 남쪽 경사면을 찾아 모이는데, 이 곳이 그들의 겨우살이 보금자리가 된다. 12월부터 이듬해 3월까지 약 4개월 동안 겨울잠을 자는데, 겨울이라도 내리쬐는 햇볕에 낮 기온이 최고 13℃에 이르면 잠시 잠을 깨고 활동하다가 다시 추워지면 몸을 풀줄기에 밀착시키고 다시 휴면에 들어간다. 이렇게 겨울 동안 성충으로 한 해를 '묵는다' 는 뜻에서 '묵은실잠자리'라는 이름이 유래되었다. 유충은 하천, 농수로 등에 사는데 담갈색을 띠며, 옆꼬리 아가미의 너비가 넓고 자귀나무 잎처럼 생긴 것이 특징이다. 종령 유충이 되기까지는 물 속에서 2년간 지내야 하고, 우화 후 약 10~11개월을 산다.

출현기 4~11월

성 충 배 길이 25~28mm, 뒷날개 길이 20~23mm

유 충 몸 길이 16~18mm, 옆꼬리 아가미 길이 9mm 내외

분 포 한반도 서해안과 남해안의 평야 지대를 제외한 전역, 동북 아시아로부터 중앙 아시아, 유럽

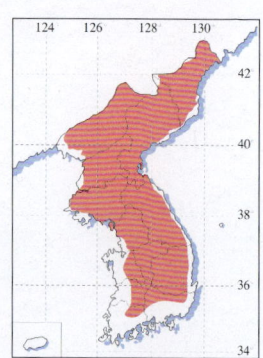

청실잠자리과

미성숙 ♀ 1994. 7. 18. 강원 쌍용

미성숙 ♂ 1993. 8. 7. 문산 임진각

월동지 1993. 4. 3. 강원 쌍용

22. 가는실잠자리

Indolestes peregrinus Ris　　　가는실잠자리속

특 징　미성숙일 때에는 희미한 갈색 바탕에 흑갈색 무늬가 있는 수수한 잠자리로 묵은실잠자리와 닮았으나 배는 가늘고 길며, 흑갈색 무늬가 띠를 지어 물결 모양을 이루고 있다. 봄에 월동에서 깨어난 성숙한 가는실잠자리의 몸 색상은 주변의 청록색 자연 환경과 조화를 이룬 아름답고 고운 청색으로 변한다. 머리는 청동색, 눈과 입술은 청록색, 가슴과 배는 미성숙일 때처럼 청색 바탕에 불투명한 흑갈색의 띠무늬가 그 자리에 그대로 흔적적으로 남아 있다(암컷은 미성숙 개체와 동일한 갈색형이 채집되기도 한다.).

생 태　기온이 떨어지기 시작하면 산의 임도와 낭떠러지 부근의 양지바른 곳의 나뭇가지에 머리를 붙이고 가슴과 배를 90°로 하여 앉아서 월동한다. 보호색 때문에 그 모습이 꼭 작은 나뭇가지처럼 보이며, 겨울에 눈이 오면 그대로 흰 눈이 몸에 수북이 쌓인 채로 월동하는 개체도 관찰된다. 유충은 평지와 야산의 방죽, 연못, 물웅덩이 등에 사는데, 몸 색상은 담갈색이고 몸에는 뚜렷한 무늬가 없으며, 옆꼬리 아가미도 가늘고 길어 묵은실잠자리와 쉽게 구별된다. 성충의 수명은 거의 1년이다.

우화형　직립형
출현기　1월 중순~12월 초순
성 충　배 길이 28~32mm, 뒷날개 길이 20~23mm
유 충　몸 길이 15~17mm, 옆꼬리 아가미 길이 8mm 내외
분 포　한반도 중·남부, 제주도, 울릉도, 중국 중·남부, 일본

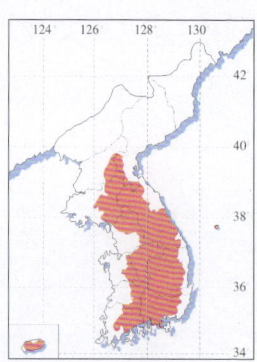

청실잠자리과

미성숙 ♀ 월동형 1993. 10. 16. 반월 수리산

성숙 ♂ 1993. 6. 5. 경남 화왕산

교미 1993. 6. 5. 경남 화왕산

23. 한림청실잠자리(신칭)

Lestes hanllimensis Kim n. sp.   청실잠자리속

특 징 큰청실잠자리(*L. temporalis* Selys)와 닮았으나, 우화를 막 마친 개체는 몸 전체가 옅은 갈색을 띤다. 미성숙일 때의 몸 색상은 적갈색을 띠나 배마디는 흑갈색이다. 성숙하면 겹눈과 앞가슴 등면, 뒷가슴 등면이 등적색이고 나머지 부분은 금속 광택을 띤 녹색이다. 풀이나 나뭇가지에 앉을 때도 잠자리과처럼 날개를 완전히 펴고 앉는다. 성숙하면 수컷은 배 제 10마디에 백색 가루분이 발생한다. 암컷은 산란관이 두드러지게 크고, 배 제 8, 9마디가 현저하게 불룩하다.

생 태 주로 유충은 평지나 얕은 야산에 위치한 정수 식물이 무성한 부영양호의 작은 방죽에서 산다. 미성숙 개체는 우화 수역에서 이동하여 주변의 숲 속에서 생활하며 성숙해진다. 성숙한 암수는 물가에서 주로 오후에 교미(짝짓기)를 하며, 연결한 채로 날아다니다가 물가 주변에서 자라고 있는 정수 식물의 줄기 속에 산란한다. 필자에 의해 전북 옥구군 옥산면 소재 한림 방죽에서 처음으로 발견한 신종이다.

검사 표본/Holotype: Male, Chŏnbuk, Okku, Hanllim Lake, Korea. 20. 6. 1993.
       Paratype: 2 males, 1 female, Holotype과 data 동일

출현기 6월 초순~7월 하순
성 충 배 길이 35~40mm, 뒷날개 길이 25~30mm
유 충 몸 길이 20mm, 옆꼬리 아가미 길이 10mm 내외
분 포 한반도 서남부 해안, 중국 등

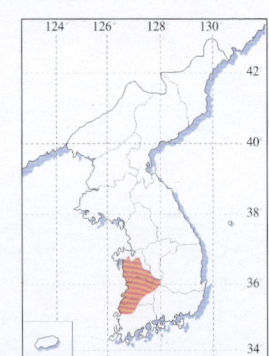

| 1 | 2 | 3 | 4 | 5 | 6 | 7 | 8 | 9 | 10 | 11 | 12 |

청실잠자리과

미성숙 ♀ 등면 1993. 6. 20. 전북 옥구 한림지

청실잠자리과

미성숙 ♀ 측면 1993. 6. 20. 군산 한림

미성숙 ♂ 1993. 6. 20. 군산 한림

청실잠자리과

성숙 ♀ 1993. 6. 20. 전북 옥구 한림지

성숙 ♂ 1993. 6. 20. 전북 옥구 한림지

24. 큰청실잠자리(신칭)

Lestes temporalis Selys　　　　　청실잠자리속

특 징 머리, 가슴, 배의 등면이 금속 광택을 띤 녹색이다. 성숙하면 수컷은 배 제 10마디에 백색 가루분이 발생한다. 암컷은 성숙하여도 몸 색상은 변화가 없고, 산란관이 두드러지게 크며, 배 제 8, 9마디가 현저하게 불룩하다. 청실잠자리속 중에서 가장 크다.

생 태 평지의 논밭에 있는 작은 연못 등에서 오전 10시경 정수 식물의 줄기 위로 올라와 우화를 시작한다. 날개가 마르기까지는 약 2시간이 소요되며, 우화를 마친 미성숙 개체는 금속 광택을 띤 녹색이다. 미성숙 개체는 주변의 숲 속으로 이동하여 8월이 되면 성숙 개체가 된다. 성숙하면 그들은 산란하기 위해 물가로 돌아온다. 성숙한 수컷은 오전 중에는 물가의 풀줄기에 앉아 해바라기에 열중하고, 오후 2시경부터 세력권을 확보하고 암컷을 찾는다. 교미를 끝낸 암수는 연결한 채로 날아다니다가 물가에서 자라는 나무의 줄기 속에 산란한다.

출현기 6월 중순~8월 하순
성 충 배 길이 35~40mm, 뒷날개 길이 25~30mm
유 충 몸 길이 20mm, 옆꼬리 아가미 길이 10mm 내외
분 포 한반도 북부, 만주, 아무르, 우수리, 일본 등

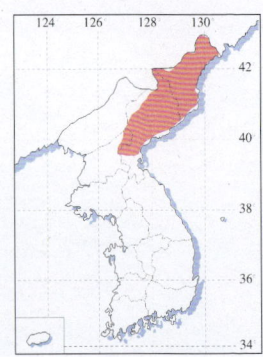

청실잠자리과

우화 1 1996. 6. 23. 백두산

우화 2 1996. 6. 23. 백두산

우화 3 1996. 6. 23. 백두산

25. 청실잠자리

Lestes sponsa Hansemann

청실잠자리속

특 징 미성숙일 때의 몸 색상은 담황색인데, 성숙해지면서 수컷은 청록색으로 변한다. 완전히 성숙한 수컷은 언뜻 보아 가는실잠자리와 닮았으나 몸 색상이 청색이 더 많이 가미된 흑청색을 띠며, 옆가슴과 배 제 8~9마디에 청백색 가루분이 선명하게 나타나는 점으로 구별할 수 있다. 암컷은 수컷보다 굵고 배마디는 담청색에 갈색 무늬가 있는데, 등가슴 앞쪽만 금속 광택을 띤 녹색이다. 암수 모두 머리의 뒷부분은 금속 광택이 나고, 날개는 투명하며, 가두리무늬(연문)는 흑갈색으로 길고 넓다.

생 태 교미 후 암수는 연결한 채로 수면의 식물 조직 속에 산란한다. 유충은 평지의 작은 물웅덩이, 야산의 연못 등에 사는데, 담갈색을 띤다.

출현기 6월 초순~8월 하순
성 충 배 길이 28~30mm, 뒷날개 길이 20~22mm
유 충 몸 길이 17mm, 옆꼬리 아가미 길이 12mm 내외
분 포 한반도 전역, 유라시아 대륙

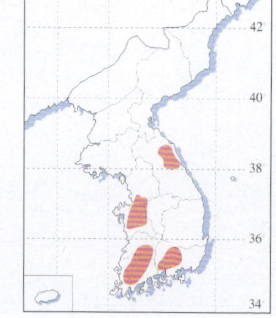

청실잠자리과

미성숙 ♂ 1997. 8. 25. 전남 영암 영가척

성숙 ♂ 1997. 8. 25. 전남 영암 영가척

청실잠자리과

교미 1997. 8. 25. 전남 영암 영가척

물잠자리과

물잠자리속

26. 검은물잠자리

Calopteryx atrata Selys   물잠자리속

특 징 수컷의 날개는 흑색, 가슴과 배는 청록색이며, 금속성 광택으로 빛난다. 암컷의 날개는 옅은 흑갈색이고 가슴과 배는 흑갈색이나 광택이 나지 않는다. 암수 모두 날개의 가두리무늬가 없다. 흑색의 긴 날개를 펄럭거리며 날아다니는 모습이 부자연스럽고 느려서 귀신잠자리, 젓가락잠자리, 장님잠자리 등 지방에 따라 여러 가지 이름으로 불린다.

생 태 물잠자리보다 약 15일 정도 늦게 나타난다. 산지에서 많이 볼 수 있는 물잠자리와는 달리 이들은 맑은 물이 흐르는 평지나 낮은 언덕의 시냇물과 늪, 저수지 등에서 많이 볼 수 있다. 영역을 지키는 수컷은 다른 수컷이 침입하면 날개를 폈다 접었다 하면서 위협적인 자세를 취하고, 햇볕에 자신의 빛나는 금록색 가슴과 배 부분을 노출시켜 암컷을 유인한다. 교미 후 암컷은 혼자 수중 식물의 줄기 속에 산란하는데, 수중 식물이 물 속으로 잠기거나 물살에 휩쓸릴 때에는 그대로 잠수하여 산란하는 경우도 있다.

우화형 직립형
출현기 6월 초순~10월 초순
성 충 배 길이 45~50mm, 뒷날개 길이 35~43mm
유 충 몸 길이 27~29mm, 옆꼬리 아가미 길이 18mm
분 포 한반도 전역, 제주도, 중국, 일본 등

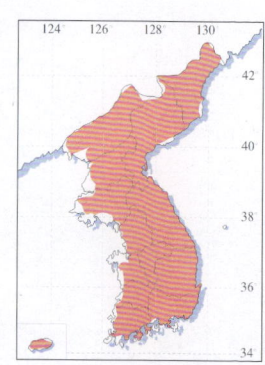

물잠자리과

미성숙 ♂ 1993. 7. 29. 전북 모악산

성숙 ♀ 1993. 9. 5. 경남 우포늪

성숙 ♂ 1993. 9. 5. 경남 우포늪

우 화 과 정

물잠자리과

1 11:00

2

1. 유충이 우화하기 위해 풀잎에 앉아 있다.
2~3. 머리를 뽑아 낸 후 꼬리를 힘껏 뽑아 내고 있다.

3

1996. 6. 29. 11:00~12:40 강원 영월

물잠자리과

4

4~6. 미성숙한 잠자리의 모습이 보이나 이 잠자리는 우화에 실패하였다. 이러한 미성숙한 잠자리는 말라 죽거나 다른 동물의 먹이가 되기도 한다.

5

6   12:40

27. 물잠자리

Calopteryx japonica Selys 　　물잠자리속

특 징 몸과 날개 전체가 금속 광택을 띤 청록색이다. 보통 날개를 접어 곧게 세우고 앉는 점은 여느 실잠자리류와 같은 습성이나 뒷날개가 자루 모양이 아니고 앞날개와 뒷날개의 크기가 거의 같다. 날개의 결절 앞가로맥의 수가 많은 반면에 삼각실이 없는 점이 특징이다. 수컷은 약간 보라색 광택을 띤 청록색이고 날개에는 가두리무늬가 없다. 반면 암컷의 날개는 수컷보다 흑빛을 띤 갈색으로 구릿빛으로 번쩍이는데, 날개의 끝 부분에 가두리무늬 비슷한 날개 무늬가 있다. 이 무늬는 날개를 접었다 폈다 하면 햇볕의 간접 효과에 의해 더욱 선명한 백색으로 빛나고 수컷에게는 짝짓기의 목표물로 이용된다. 즉, 이 무늬를 암컷으로 인식하여 배우자를 찾는 것이다.

생 태 성숙, 미성숙의 색상 차는 없고, 일생 동안 우화 수역 부근에서 생활한다. 교미 후 암컷은 혼자서 수중 식물의 줄기 속에 산란하는데, 가끔 몸 전체를 물 속에 담그는 잠수 산란도 한다. 유충은 산 속의 계류나 강 유역의 수초 속에 살고, 몸 색상은 갈색 바탕에 녹갈색 반점이 많다. 검은물잠자리의 유충보다 약간 작고, 날개싹의 너비가 조금 넓은 것이 특징이다.

우화형 직립형
출현기 5월 하순~7월 하순
성 충 배 길이 40~46mm, 뒷날개 길이 30~35mm
유 충 몸 길이 20~25mm, 옆꼬리 아가미 길이 14~16mm
분 포 한반도 전역, 중국 동·북부, 아무르, 우수리, 일본 등

| 1 | 2 | 3 | 4 | 5 | 6 | 7 | 8 | 9 | 10 | 11 | 12 |

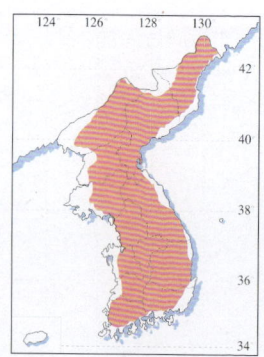

미성숙 ♂ 1993. 6. 5. 경남 화왕산

성숙 ♀ 1997. 6. 27. 영월 동강

물잠자리과

비상 1997. 6. 13. 영월 동강

물잠자리과

성숙 ♀ 1993. 6. 5. 경남 화왕산

성숙 ♂ 1992. 5. 30. 경남 화왕산

물잠자리과

교미 1997. 6. 27. 영월 동강

산란 경호 1997. 6. 13. 강원 영월

부채장수잠자리과

마아키측범잠자리속
아시아측범잠자리속
꼬리측범잠자리속
노란측범잠자리속
꼬마측범잠자리속
쇠측범잠자리속
부채장수잠자리속
어리장수잠자리속
애측범잠자리속

28. 마아키측범잠자리

Anisogomphus maacki Selys   마아키측범잠자리속

특 징 몸 색상은 흑색 바탕에 은은한 황색 무늬가 있는 중간 크기의 아름다운 측범잠자리이다. 짙은 녹색의 겹눈은 머리 양쪽으로 서로 넓게 떨어져 있다. 등가슴 앞쪽을 거꾸로 보면 M자 모양의 황색 무늬가 있고, 옆가슴의 제 1, 2 측봉선 면을 따라 흑색 줄무늬가 2줄 있다. 특히 배 제 3~7마디의 등면에 가느다란 황색 줄무늬가 길게 늘어서 있고, 배 제 7~9마디가 두드러지게 넓으며, 옆면에 1쌍의 황색 무늬가 있고 등면에 세로줄 무늬가 있어 닮은 다른 종류와 쉽게 구별이 된다.

생 태 이른 아침부터 오전 사이에 직립형으로 우화한다. 미성숙일 때에는 여름 한철을 천연 보호색이 작용할 수 있는 녹음으로 우거진 산 속에서 보낸다. 교미를 끝낸 암컷은 혼자 유속이 느린 물가로 날아가 수면을 연속적으로 치며 정성들여 알을 낳는다. 유충은 흑갈색 바탕에 복잡한 무늬가 있고 방추형이다. 주로 하천의 중류에서 모래 밑바닥이나 부식질 속에 숨어 살고, 2~3년이 지나야 완전히 성숙해진다.

우화형 직립형
출현기 6월 초순~10월 초순
성 충 배 길이 39~42mm, 뒷날개 길이 31~33mm
유 충 몸 길이 26~29mm, 머리 너비 6mm 내외
분 포 한반도 전역, 중국 동·북부, 만주, 우수리, 아무르, 일본 등

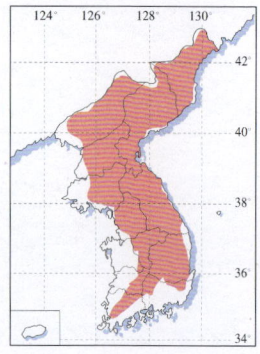

부채장수잠자리과

미성숙 ♀ 측면 1993. 7. 10. 강원 가리왕산

미성숙 ♀ 등면 1995. 7. 15. 경기 화악산

미성숙 ♂ 1993. 8. 6. 경기 천마산

우화과정 1

부채장수잠자리과

1 10:05

2

3

4

5

1. 유충이 바위 위에서 우화하기 위해 자리를 잡고 있다.
2. 등가슴이 세로로 갈라지면서 머리가 나온다.
3~6. 힘을 다해 꼬리를 뽑는다.

1996. 6. 9. 10:00~12:30 강원 영월(청령포)

부채장수잠자리과

6 10:30

7

8

9

7. 꼬리가 나왔으며, 이러기까지는 약 25분이 걸린다.

8~10. 날개가 차츰 나오고 있으며, 날개 빛깔은 옅은 녹색을 띤다.

10

우화과정 2

부채장수잠자리과

11

12

11~13. 날개 빛깔이 옅은 녹색을 띠다가 차츰 백색으로 변하고 있다.
14. 아직까지 날개는 접은 상태이며, 꼬리도 펴지 못하고 있다.

13

1996. 6. 9. 10:00~12:30 강원 영월(청령포)

부채장수잠자리과

15. 오후 12시 30분이 되자 미성숙한 잠자리의 날개 빛깔은 무색 투명하게 변했으며, 이제는 날아갈 준비를 하고 있다. 며칠이 지나면 성숙한 잠자리가 되어 교미할 준비를 한다.

14

15   12:30

부채장수잠자리과

29. 산측범잠자리

Asiagomphus melanopsoides Doi

아시아측범잠자리속

특 징 전체적으로 흑색 바탕에 황색 무늬가 있는데, 뒷머리의 중앙에 황색의 작은 점이 있다. 앞가슴에는 깃무늬와 연속하는 황색의 2개의 줄무늬가 있고, 그 바깥쪽에도 황색의 가는 줄무늬가 있다. 옆가슴에는 2개의 흑색 줄무늬가 있는데, 앞쪽의 것은 짧고 뒤쪽의 것은 길다. 배의 등면에 있는 황색 무늬가 제 7마디까지 이어진다. 배 끝의 네 마디는 굵지 않다.

생 태 유충은 평지와 야산의 개울과 하천의 모래와 돌 밑에 산다. 물가의 돌 위에서 오전 중에 우화한 미성숙 개체는 주변의 산으로 이동해 산다. 성숙한 수컷은 우화 수역으로 돌아와 물가의 돌과 식물 등에 앉아서 영역을 확보하고 암컷을 기다린다. 교미는 주변의 나뭇잎에 앉아 하고, 암컷은 혼자서 여울목 주변의 상공에서 정지 비행을 하면서 알을 산란관으로 배출하고, 적당한 크기로 뭉쳐지면 수면으로 내려와 수면을 배로 연속적으로 치며 타수 산란을 한다.

출현기 5월 중순~6월 하순
성 충 배 길이 38~43mm, 뒷날개 길이 35~40mm
유 충 몸 길이 33~35mm, 머리 너비 6.5~7mm
분 포 한반도 중·남부, 중국

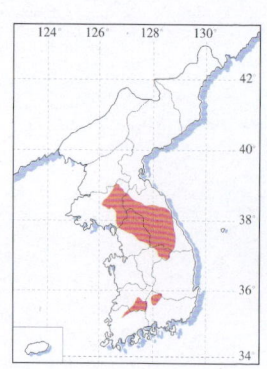

성숙 ♂ 측면 1994. 6. 11. 경기 주금산

성숙 ♂ 등면 1993. 6. 6. 충북 초평지

부채장수잠자리과

30. 곤봉꼬리측범잠자리(신칭)

Stylogomphus suzukii Oguma

꼬리측범잠자리속

특 징 몸 크기는 작은데 비해 배 길이가 길어 날씬하게 보이는 측범잠자리이다. 배의 제8마디 등면까지 황색 줄무늬가 가늘게 있고, 7마디부터 팽배해지면서 차츰 굵어진다. 뒷머리 중앙의 좌우 양쪽에 작은 황색 점이 있고, 등가슴에 있는 황색의 ∧자 무늬는 평행에 가깝다. 옆가슴의 흑색 줄무늬는 뚜렷한 Y자 모양이다.

생 태 유충은 산 속의 깨끗한 계류에서 자라고 있는 정수 식물 밑의 모래 바닥에 숨어 산다. 돌 위나 정수 식물의 줄기에서 이른 아침에 우화한 미성숙 개체는 주변의 숲 속으로 이동하여 산다. 성숙하면 수컷은 여울목 근처 돌 위의 식물 잎에 앉아 영역을 확보하고 암컷을 기다린다. 교미가 끝난 후 암컷은 혼자서 여울목의 돌 위에 앉아 알을 낳고, 이 알을 덩어리로 만들어 날아다니면서 배로 수면을 치며 타수 산란한다.

출현기 5월 하순~8월
성 충 배 길이 31~34mm, 뒷날개 길이 23~26mm
유 충 몸 길이 17~21mm, 머리 너비 5mm 내외
분 포 한반도 중·남부, 일본 등

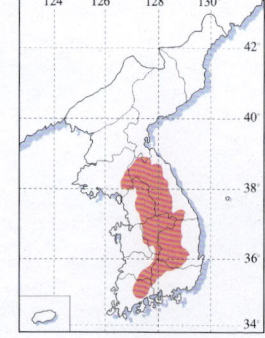

| 1 | 2 | 3 | 4 | 5 | 6 | 7 | 8 | 9 | 10 | 11 | 12 |

부채장수잠자리과

미성숙 ♂ 1994. 6. 11. 경기 천마산

성숙 ♂ 1993. 7. 2. 강원 광덕산

31. 노란측범잠자리

Onychogomphus ringens Needham 노란측범잠자리속

특 징 몸 색상은 다소 음산한 듯 어두운 흑색 바탕에 황색 무늬가 서로 대비되어 풍부한 색감을 빚어 낸다. 부리부리한 겹눈은 청록색으로 빛나고 등가슴 앞쪽의 황색 무늬는 八자 모양이다. 옆가슴은 황색 바탕에 너비가 넓은 흑색 줄무늬가 뚜렷하게 1줄 그어져 있다. 배 제 1, 2마디는 굵고 옆면에 황색 무늬가 있으나 제 3~7마디는 가늘고, 각 마디의 선명한 황색 무늬가 흑색과 함께 단순화되어 돋보인다. 특히 수컷은 꼬리 부분의 부속기(교미 부속기)가 긴 갈고리 모양으로 제 9, 10마디를 합친 것보다 긴 독특한 형태를 하고 있다. 날개는 투명한데, 날개 밑부분에 작은 황색의 아롱진 무늬가 있고, 가두리무늬는 약 5mm로 긴 편이며 흑갈색이다.

생 태 오전 10시경에 우화한 미성숙 개체는 야산으로 이동한다. 먹이를 잡기 위해 나는 모습이 실 끊어진 연이 재주를 부리듯 유연하다. 8월경 성숙하여 물가로 돌아온 암수는 교미한 후 암컷 혼자서 흐름이 느린 여울물에서 정지 비행을 하면서 일단 알을 산란관으로 배출하고, 적당한 크기로 뭉쳐지면 수면으로 내려와 물을 치며 산란한다. 유충은 하천이나 강의 너비가 넓은 곳의 기슭에 살며, 황갈색을 띤 중간 크기로 촉각의 세 마디가 밥주걱 모양을 하고 있다.

우화형 직립형
출현기 7월 초순~9월 하순
성 충 배 길이 40~45mm, 뒷날개 길이 32~35mm
유 충 몸 길이 27~30mm, 머리 너비 7mm 내외
분 포 한반도 중·북부, 중국 동·북부, 만주 등

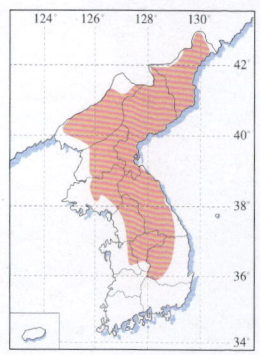

| 1 | 2 | 3 | 4 | 5 | 6 | 7 | 8 | 9 | 10 | 11 | 12 |

부채장수잠자리과

미성숙 ♂ 1996. 6. 9. 강원 영월

성숙 ♂ 1993. 8. 1. 강원 쌍용

부채장수잠자리과

32. 꼬마측범잠자리

Nihonogomphus minor Doi

꼬마측범잠자리속

특 징 측범잠자리류 중에서는 몸매가 홀쭉하고 크기가 작은 편이다. 등가슴 앞쪽에는 황색 무늬가 있고, 옆가슴은 녹색 바탕에 3줄의 흑색 무늬가 있는데, 앞쪽에 있는 것은 완전하나 중간에 있는 것은 짧고 뒤쪽에 있는 것은 가늘고 좁다. 등가슴에는 세로로 3개의 황색 점무늬가 나란히 있다. 배는 흑색 바탕에 각 마디에 황색 줄무늬가 선명하다. 교미 부속기의 끝은 八자 모양으로 짧게 갈라져 있다.

생 태 유충은 큰 강과 하천의 수심이 얕은 곳에서 모래와 돌 밑에 산다. 이른 아침부터 물가의 돌과 정수 식물의 줄기에 붙어 약 1시간 30분 동안 우화한 미성숙 개체는 주변의 풀밭에서 먹이를 잡아먹으며 성숙해 간다. 성숙한 수컷은 물가의 정수 식물과 돌 등에 앉아 영역권을 확보하고서 암컷을 기다린다.

출현기 6월 중순~8월
성 충 배 길이 30~33mm, 뒷날개 길이 25~28mm
유 충 몸 길이 18~20mm, 머리 너비 5mm 내외
분 포 한반도 중부

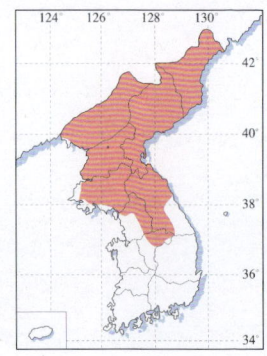

1 2 3 4 5 **6 7 8** 9 10 11 12

부채장수잠자리과

미성숙 ♂ 1997. 6. 27. 강원 영월

미성숙 ♂ 1997. 6. 14. 강원 청량포

33. 쇠측범잠자리

Davidius lunatus Bartenef   쇠측범잠자리속

특 징 미성숙 암컷은 몸 색상이 흑색 바탕에 밝은 황록색 무늬가 발달해 있고, 배마디는 수컷에 비해 굵고 제 1~7마디의 옆면에 황색 반점이 길게 늘어서 있다. 겹눈은 황록색이고 등가슴 앞쪽 어깨판 부근에 2개의 작은 황색 점무늬가 있고, 2개의 긴 황색 무늬는 깃무늬와 떨어져 있다. 옆가슴은 황색 바탕에 2개의 흑색 줄무늬가 있다. 수컷의 배 제 1, 2마디는 굵고 등면에 황색 무늬가 있다. 제 1~6마디는 가늘고 옆면에 황색 무늬가 있는데, 제 7~9마디가 부풀어올라 제 10마디는 굵고 둥그스름하다. 날개는 투명하고, 날개맥과 가두리무늬는 흑갈색이다. 수컷의 가슴과 배마디의 황색 무늬는 성숙해 갈수록 차츰 청록색으로 변한다.

생 태 5월 초순부터 중순경에 경기도 지방의 산 계곡 주변에서 볼 수 있는 측범잠자리류는 모두가 쇠측범잠자리라고 해도 과언이 아닐 정도로 숫자가 많고 흔하다. 성숙 개체는 약 2~3시간 동안 교미한 후 암컷 혼자 물 위에 낮게 떠서 정지 비행을 하면서 조심스럽게 알을 흩어뿌리듯 물 속으로 떨어뜨린다. 유충은 흑갈색으로 몸 전체에 털이 많고, 납작한 모양을 하고 있다.

우화형 직립형
출현기 4월 하순~6월 초순
성 충 배 길이 30~33mm, 뒷날개 길이 25~28mm, 머리 끝~배 끝 길이 약 45mm
유 충 몸 길이 18~21mm, 머리 너비 5mm 내외
분 포 한반도 전역, 중국 등

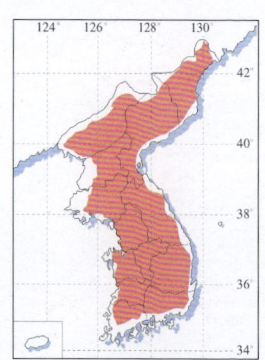

부채장수잠자리과

미성숙 ♀ 1996. 5. 26. 경남 거제도

미성숙 ♂ 안면 1994. 5. 8. 충남 해미

부채장수잠자리과

미성숙 ♂ 1993. 5. 22. 경기 천마산

교미 1996. 5. 29. 강원 오대산

부채장수잠자리과

우화과정 1

부채장수잠자리과

1 11:00

2

3

4

5

6

1. 유충이 우화하기 위해 바위 위에 자리를 잡는다.
2. 유충의 등가슴이 세로로 갈라지면서 머리가 나온다.
3~6. 배와 꼬리 부분을 뽑아 내고 있다.

1993. 5. 22. 11:00~12:40 경기 천마산

부채장수잠자리과

7

8

9

10

7~13. 날개를 서서히 펴고 있는며 날개 빛깔은 녹색 빛깔을 조금 띠고 있다.

11

우화과정 2

부채장수잠자리과

12

13

14

15

1993. 5. 22. 11:00~12:40 경기 천마산

부채장수잠자리과

16

17

18 12:40

14~16. 배가 확연히 길어졌으며 날개 빛깔은 미등색을 띤다.
17. 지금까지 접고 있던 날개를 폈다. 날개 빛깔은 무색 투명하다.
18. 날아갈 준비를 하고 있다.

34. 영월쇠측범잠자리(신칭)

Davidius moiwanus Okumura

쇠측범잠자리속

특 징 몸 크기가 작은 측범잠자리이다. 옆가슴에 있는 2개의 흑색 줄무늬 중 앞쪽의 것은 도중에 끊겨 가두리에 이르지 못하고, 뒤쪽의 것은 뚜렷하게 이어져 있다.

생 태 유충은 야산의 맑고 깨끗한 계류나 개울가에 산다. 오전 중에 우화한 미성숙 개체는 우화 수역 주변에서 생활한다. 성숙한 수컷은 개울가의 돌 위에 앉아 영역을 확보하고 암컷을 기다린다. 교미는 개울가 주변의 키 작은 나뭇가지나 풀줄기에 앉아 하고, 암컷은 혼자서 물가로 돌아와 이끼나 정수 식물의 위에서 정지 비행을 하면서 알을 공중에서 흩어뿌리듯 타공 산란을 한다. 영월 팔괴리 계곡에서 처음으로 발견한 한국 미기록종이다.

출현기 5월 중순~7월 초순
성 충 배 길이 30~35mm, 뒷날개 길이 30~32mm
유 충 몸 길이 16~19mm, 머리 너비 5mm 내외
분 포 한반도 중부, 일본 등

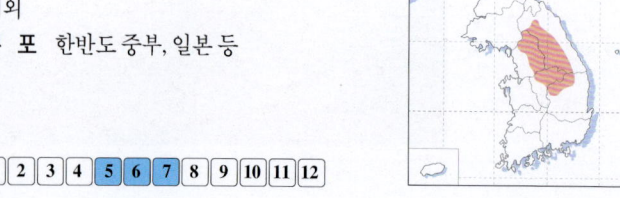

부채장수잠자리과

교미 1996. 6. 9. 강원 영월

성숙 ♂ 1996. 6. 9. 강원 영월

35. 부채장수잠자리

Ictinogomphus clavatus Fabricius 　　부채장수잠자리속

특 징 몸은 흑색 바탕에 황색 무늬가 잘 발달되어 있어 몸 전체가 누르스름하게 보인다. 옆가슴은 황색인데 흑색 줄무늬가 3줄 있다. 배는 흑색이며, 제 2~7마디의 등면에 황색 무늬가 있다. 특히 배 제 8마디의 옆면이 크게 넓어져 특이한 부채 모양을 하고 있는데, 이 부채 모양의 편상 돌기는 배 끝에 위치하고 있다. 머리와 가슴에 비해 배마디가 가늘고, 또 날개의 길이가 몸 길이에 비해 작은데, 이것은 몸의 중심을 잡는 작용을 한다. 날개는 투명하며, 날개맥과 가두리무늬는 흑색이다.

생 태 수컷은 같은 종뿐만 아니라 왕잠자리나 산잠자리가 영역을 침범해도 머리로 가슴을 받으며 쫓아 내는 성질을 가졌다. 교미 후 암컷은 혼자 산란하고, 타원형의 알에는 가는 실 모양의 끈이 달려 있어 물 속에 잠기면서 수생 식물의 줄기나 잎에 감기게 된다. 유충은 규모가 큰 저수지의 수생 식물이 우거진 곳에 산다.

우화형 직립형
출현기 6월 중순~9월 중순
성 충 배 길이 52~55mm, 뒷날개 길이 43~47mm
유 충 몸 길이 35~40mm, 머리 너비 9mm 내외
분 포 한반도 북위 39°이남의 중·남부, 제주도, 중국 동부, 타이완, 일본 등

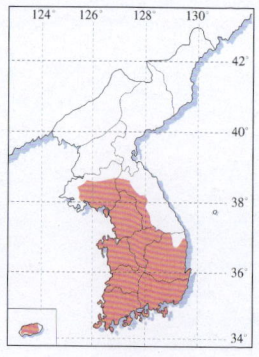

부채장수잠자리과

성숙 ♂ 1992. 8. 17. 경기 물왕지   안면 1997. 6. 20. 군산 은파 저수지

성숙 ♂ 옆가슴 1994. 7. 29. 경남 우포늪

미상 돌기 1994. 7. 29. 경남 우포늪

유충 1993. 6. 19. 충남 북면지

영역순찰 1996. 8. 3. 경기 백운지

부채장수잠자리과

잠자리의 수컷은 세력권을 확보하기 위해 오후 1시경이면 영역권을 순찰한다.

영역설정   1992. 9. 5. 전남 영암

부채장수잠자리과

영역 설정 ♂ 1992. 9. 5. 전남 영암

 잠자리의 수컷은 영역 설정을 하고 자신의 영역을 확보하는데, 이 때 자신의 영역에 다른 잠자리가 들어올 경우 격렬하게 싸우기도 한다. 지금은 교미를 하기 위해 암컷을 기다리고 있다.

우화과정

부채장수잠자리과

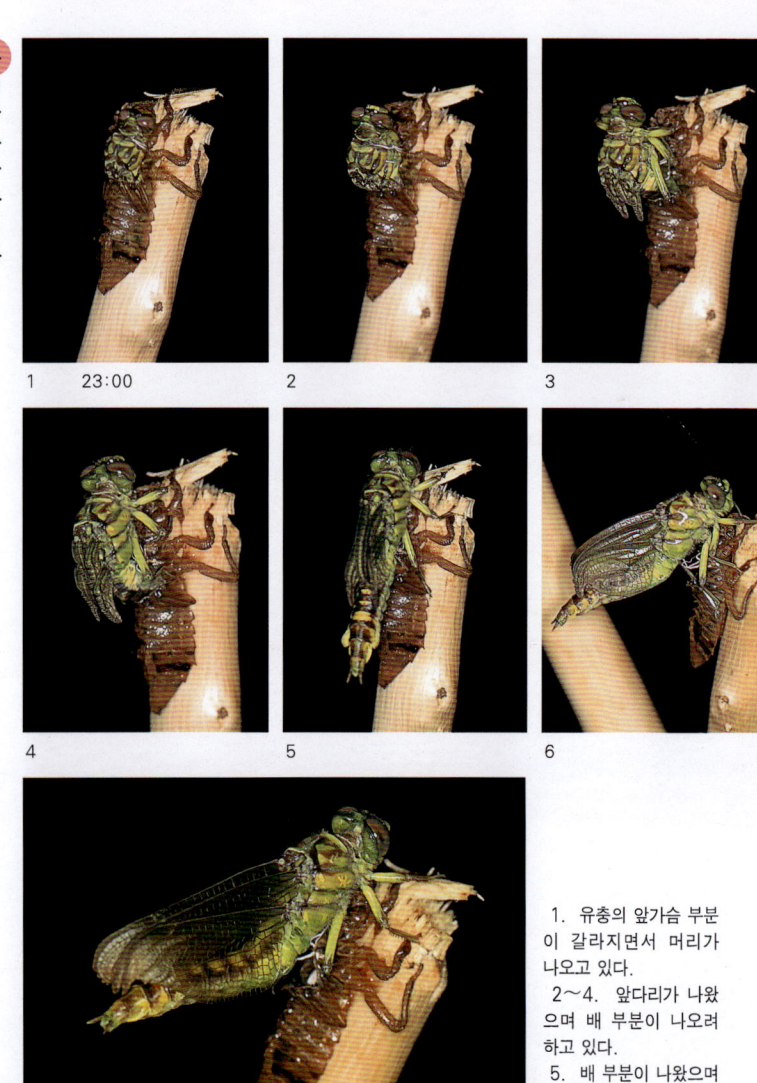

1. 유충의 앞가슴 부분이 갈라지면서 머리가 나오고 있다.
2~4. 앞다리가 나왔으며 배 부분이 나오려 하고 있다.
5. 배 부분이 나왔으며 날개 빛깔은 흑색을 약간 띠고 있다.

1997. 6. 20. 23:00~6. 21. 2:30 군산 은파 저수지

부채장수잠자리과

8

9

10

11

12   2:30

11. 지금까지 휘어져 있던 배 부분이 굳어지면서 직선으로 쭉 뻗었다.
12. 우화가 다 끝난 미성숙한 잠자리이며, 날개가 말라 무색 투명한 빛깔을 띠고 있다. 이제는 날아갈 준비를 하고 있다.

36. 어리부채장수잠자리

Ictinogomphus confluens Selys   부채장수잠자리속

특 징 몸 전체가 흑빛이 강하고, 옆가슴에는 황색 줄무늬가 가늘게 3겹으로 아로새겨져 있는 덩치가 제법 큰 잠자리이다. 배 제 7~9마디는 너비가 넓게 부풀어올라 있으나 부채 모양의 편상 돌기는 없다. 배마디 사이에는 황색 줄무늬 띠가 아로새겨져 있다. 몸 길이에 비해 날개 길이가 짧은 편이다. 날개는 투명하나 약간 흑갈색을 띠고 있으며, 날개맥과 가두리무늬 또한 흑갈색이다. 출현 시기가 짧은 편으로 부채장수잠자리보다 먼저 나타나서 빨리 사라진다.

생 태 풀줄기 끝에 앉은 모습을 보면 배 끝에 위치한 부풀어오른 부분이 대저울의 추와 같이 균형을 잡는 역할을 함을 알 수 있다. 날개 길이가 몸 길이보다 작아 교미는 공중에서 몇 초 만에 싱겁게 끝나며, 암컷은 혼자 수초 사이를 날며 산란한다. 유충은 강변의 늪지대, 야산의 연못, 방죽의 정수 식물이 무성한 곳에 산다. 몸 색상은 갈색을 띠고 전체적인 모양이 넓고 둥근 알 모양을 하고 있다. 부채장수잠자리보다는 어리장수잠자리의 유충과 흡사하지만 배의 등가시가 제 2~9마디에, 옆가시는 제 3~9마디에 나 있어 쉽게 구분할 수 있다.

우화형 직립형
출현기 6월 초순~7월 하순
성 충 배 길이 50~52mm, 뒷날개 길이 45~47mm
유 충 몸 길이 13~28mm
분 포 한반도 서쪽 중·북부, 중국, 타이완 등

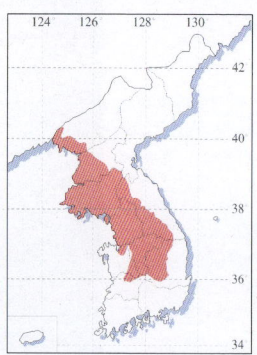

부채장수잠자리과

성숙 ♀ 1993. 6. 24. 경기 주금산

성숙 ♀ 안면 1993. 6. 24. 경기 주금산

부채장수잠자리과

성숙 1994. 6. 21. 경기 양수리

영역 순찰 ♂ 1994. 6. 21. 경기 양수리

부채장수잠자리과

37. 어리장수잠자리

Sieboldius alboardae Selys 어리장수잠자리속

특 징 몸 색상과 무늬는 꼭 장수잠자리를 닮았으나 자세히 살펴보면 몸에 비해 머리가 작은 특별한 체형이다. 이마 위에 가느다란 황색 띠무늬가 있고 좌우 겹눈은 짙은 녹색으로 빛난다. 가슴과 배마디는 흑색 바탕에 몸 전체에 황색 무늬가 아로새겨져 있으며, 특히 뒷다리의 앞허벅마디는 굵고 길다. 등가슴 앞쪽 중앙에 황색 줄무늬가 있고 그 양쪽에도 황색 줄무늬가 있는데, 이것은 깃무늬와 연결되어 있지 않고 떨어져 있다. 옆가슴에는 길고 짧은 삼각형 모양의 서로 다른 3개의 황색 무늬가 있다. 배 제 1, 2마디의 등면에 황색 줄무늬가 있고 제 3~8마디의 옆면에 1쌍의 황색 무늬가 줄지어 있다. 날개는 투명한데, 날개맥과 가두리무늬가 흑색이기 때문에 전체적으로 약간 어두운 감이 있다.

생 태 성숙 개체는 약 1시간 교미한 후 암컷 혼자 수심이 얕고 물살이 느린 개울에서 일단 배 끝에 알을 적당한 덩어리의 크기로 뭉친 다음 수면을 치며 타수 산란한다. 유충은 하천, 강변의 늪지대에서 산다. 몸 크기는 약간 큰 편이고 흑갈색을 띠고 있으며, 머리 부분이 작고 배는 넓어 평평한 원형에 가까운 땅딸보 모양이다.

출현기 5월 하순~9월
성 충 배 길이 55~65mm, 뒷날개 길이 45~55mm, 머리 끝~배 끝 길이 약 85~90mm
유 충 몸 길이 30~35mm, 머리 너비 9mm 내외
분 포 한반도 전역, 중국 동·북부, 우수리, 일본 등

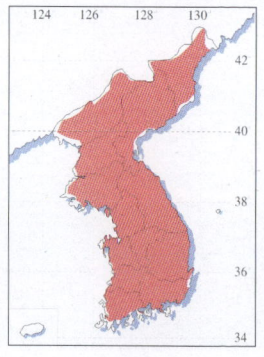

부채장수잠자리과

미성숙 ♂ 1994. 7. 17. 경기 주금산 유충 1996. 6. 5. 경기 양수리

성숙 ♀ 1993. 8. 1. 강원 쌍용

우 화 과 정 1

부채장수잠자리과

1

2

3

4

1~2. 유충이 식물의 줄기를 붙들고 우화하고 있다.
3~4. 앞다리에 힘을 주고 꼬리를 힘껏 뽑아내고 있다.

1997. 6. 13. 10:00~12:30 강원 영월 동강

부채장수잠자리과

5
6

5. 꼬리를 모두 뽑아 냈다.
6. 날개가 보인다.
7. 앞다리로 식물의 줄기를 꽉 잡고 몸을 지탱하면서 날개를 말린다.

7

우 화 과 정 2

부채장수잠자리과

8

9

10

8~9. 구부러져 있던 배 부분이 날씬해지면서 곧아졌다.

10. 뒷다리에 힘이 생겨 앞다리와 함께 식물의 줄기를 잡고 몸을 지탱하고 있다.

11. 날개가 거의 말라 미성숙한 잠자리의 형태를 갖추고 있다.

12. 날아갈 준비를 하고 있다.

1997. 6. 13. 10:00~12:30 강원 영월 동강

부채장수잠자리과

11

12 12:30

안면 1996. 6. 13. 강원 영월

38. 애측범잠자리

Trigomphus melampus Selys / 애측범잠자리속

특 징 흑색 바탕에 황색 무늬가 곱게 배열되어 있는 작은 몸매의 소박하고 귀여운 측범잠자리이다. 옆가슴은 황록색 바탕에 2개의 흑색 줄무늬가 있는데, 앞쪽의 흑색 줄무늬는 도중에 끊기고 뒤쪽의 흑색 줄무늬만이 뒷날개 쪽으로 이어져 있다. 암컷은 배마디에 황록색 무늬가 빚어 내는 풍부한 색감이 수컷에 비해 더욱더 발달해 있고 복부 또한 굵다.

생 태 우화는 오전 중에 하는데, 하반신을 물 속에 담근 채 탈피를 하는 경우가 많다. 미성숙 개체는 둑길 풀숲에서 발견할 수 있다. 성충은 약 20분 동안 교미를 한 후 암컷 혼자 수초가 우거진 곳에서 정지 비행을 한 채 알 덩어리를 배출하고 배를 심하게 흔들며 근처에 흩어 뿌린다. 유충은 하천, 농수로에 살고, 몸 색상은 적갈색을 띠며, 체형은 작고 원추형으로 제 10마디가 짧다. 모든 면에서 가시측범잠자리의 유충과 비슷하나 서식 지역이 중·북부에 한정되어 있고, 가시측범잠자리보다 약 20일 늦게 출현하는 점으로 구별할 수가 있다.

우화형 직립형
출현기 5월 중순~7월 중순
성 충 배 길이 26~29mm, 뒷날개 길이 23~27mm
유 충 몸 길이 20~24mm, 머리 너비 5mm 내외
분 포 한반도 중·북부, 중국 중·북부, 일본 등

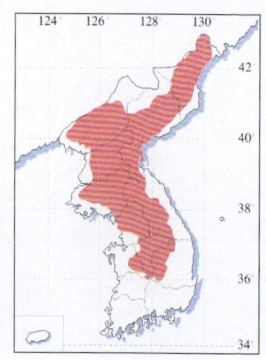

부채장수잠자리과

미성숙 우 측면 1993. 5. 19. 경기 임진강

미성숙 우 등면 1993. 5. 19. 경기 임진강

부채장수잠자리과

39. 검정측범잠자리

Trigomphus nigripes Selys 애측범잠자리속

특 징 옆가슴의 2개의 흑색 줄무늬가 완전히 끝까지 이른다. 앞가슴에는 깃무늬와 연속되는 2개의 황색 줄무늬가 있고, 그 바깥쪽에는 황색 줄무늬가 없다. 등가슴과 배마디 등면의 황색 무늬는 제 7마디까지만 있다. 수컷의 교미 부속기 등면의 ∧자 모양은 황백색이다.

생 태 유충은 야산이나 깊은 산의 계곡에서 완만하게 흐르는 작은 개울이나 물웅덩이에서 산다. 우화한 미성숙 개체는 우화 수역을 떠나 숲 속으로 이동하여 성숙해진다. 성숙한 수컷은 물가의 바위에 앉아 영역을 설정하고 암컷을 기다린다. 성숙 개체는 가시측범잠자리나 정환측범잠자리보다 늦게 나타나며 산지성이다.

출현기 5월 중순~7월
성 충 배 길이 33~35mm, 뒷날개 길이 26~29mm
유 충 몸 길이 22~25mm, 머리 너비 5~6mm
분 포 한반도 중·북부, 만주, 우수리 등

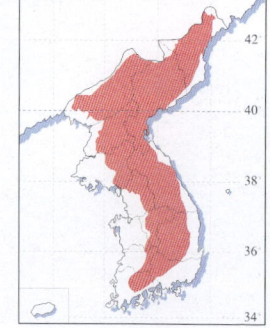

부채장수잠자리과

성숙 ♂ 측면 1994. 6. 24. 경기 주금산

성숙 ♂ 안면 1994. 6. 24. 강원 설악산

성숙 ♂ 등면 1994. 6. 22. 강원 설악산

40. 정환측범잠자리(신칭)

Trigomphus ogumai Asahina — 애측범잠자리속

특 징 옆가슴의 제 1측봉선에 1개의 흑색 줄무늬가 있다. 앞가슴의 2개의 황색 줄무늬는 넓고 뚜렷하다. 애측범잠자리와 닮았으나 몸 크기로 쉽게 구별되며, 검정측범잠자리와 혼동하여 분류해 왔던 종이다. 이른 봄인 4월 중순부터 나타나기 때문에 출현 시기도 가장 빠르고 애측범잠자리속 중에서 가장 크다.

생 태 유충은 큰 저수지 상류의 하천과 늪, 평지의 논두렁과 농수로 등의 정수 식물이 무성한 곳에서 산다. 우화한 미성숙 개체는 주변의 산기슭으로 이동하여 성숙해 간다. 5월 중순이면 성숙한 암·수컷은 교미를 하고, 암컷은 혼자서 정수 식물이 무성한 곳에서 타수 산란을 한다. 필자에 의해 처음으로 충주 조정지댐 상류에서 발견하여 분류한 한국 미기록종이다.

출현기 4월 중순~6월
성 충 배 길이 35~37mm, 뒷날개 길이 28~31mm
유 충 몸 길이 23~25mm, 머리 너비 5~6mm
분 포 한반도 중부, 일본 등

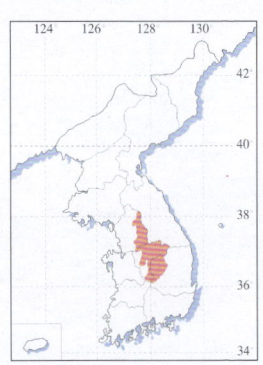

부채장수잠자리과

미성숙 ♀ 측면 1993. 4. 27. 충주 조정지댐

미성숙 ♀ 등면 1994. 4. 27. 충주 조정지댐

미성숙 ♀ 안면 1994. 4. 27. 충주 조정지댐

41. 가시측범잠자리

Trigomphus citimus Needham

애측범잠자리속

특 징 몸매가 홀쭉하고, 특히 배마디가 가늘며, 몸 색상이 흑색 바탕에 황록색을 띠고 있어 애측범잠자리와 닮았다. 등가슴 앞쪽의 밑부분이 넓은 연두색 줄무늬와 그 앞쪽 앞어깨의 짧고 가는 2개의 연두색 줄무늬를 제외하고는 다른 무늬는 없다. 옆가슴은 연두색 바탕에 흑색 줄무늬가 1줄 뚜렷하게 나 있다. 수컷의 교미 부속기는 가시처럼 뾰족한데, 八자 모양으로 펼쳐져 있다. 암컷의 생식기는 너비가 좁고 끝은 뾰족하지 않다.

생 태 쇠측범잠자리는 산지 계곡에서 볼 수 있는 반면, 가시측범잠자리는 낮은 평지의 실개천, 늪, 저수지, 하천의 습지대 주변에서 볼 수 있다. 새벽부터 오전 중에 직립형으로 탈피하며, 갓 우화한 개체는 실잠자리류처럼 날개를 일단 접고 앉는데, 2~3시간 후 날개가 마르면 완전히 펼쳐져 그 이후에는 날개를 접고 앉지 못한다. 약 2~3시간의 교미를 마치면 암컷 혼자 물가에서 정지 비행을 하면서 배마디를 부르르 떨며 연속적으로 물 속에 알을 낳는다. 유충은 흑갈색을 띠고, 배마디에 갈색 무늬가 양쪽에 배열되어 있으며, 배 길이가 짧고, 제 4~9마디에 등가시가 있다.

우화형 직립형
출현기 4월 중순~6월 중순
성 충 배 길이 32~34mm, 뒷날개 길이 26~28mm
유 충 몸 길이 22~24mm, 머리 너비 5.5mm 내외
분 포 한반도 전역, 중국 동부, 일본 등

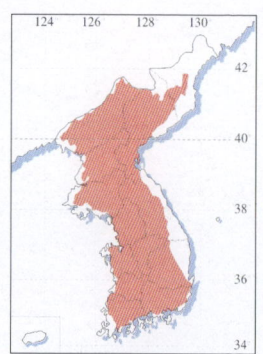

미성숙 ♂ 1993. 5. 14. 경남 우포늪

부채장수잠자리과

부채장수잠자리과

성숙 ♂ 1993. 5. 14. 경남 우포늪

교미 1993. 5. 14. 경남 우포늪

왕잠자리과

개미허리왕잠자리속
잘록허리왕잠자리속
별박이왕잠자리속
무늬왕잠자리속
왕잠자리속

42. 개미허리왕잠자리

Boyeria maclachlani Selys

개미허리왕잠자리속

특 징 머리의 좌우 겹눈이 크고 청록색으로 빛난다. 몸 색상은 적색을 띤 짙은 갈색 바탕에 옆가슴에는 선명한 2개의 황록색 줄무늬가 있다. 특히 이름에서 알 수 있듯이 배 제 3마디가 개미허리처럼 아주 가늘다. 암컷에게는 잘 발달된 산란관이 있으며, 미모는 길다. 날개맥과 날개의 가두리무늬는 황갈색이고, 성숙하면 날개의 끝 부분에 옅은 황갈색이 나타난다.

생 태 이들의 활동 시간은 주로 이른 새벽과 석양 무렵이다. 과거에는 경기, 서울 지역에서 채집 기록(조복성. 1960)이 있었으나 그 이후 보고된 적이 없어서, 일본 학계에서는 일본 특산종으로 분류하여 왔다. 그러다가 EBS교육방송 팀과 필자는 1995년 8월 21일 강원도 고성군 고진동 계곡 비무장 지대에서 이들의 새로운 산지를 발견하고 처음으로 채집하였다. 암컷은 오후에 혼자 산 계곡의 여울목을 왕복 비행하며 산란 행동을 한다. 유충은 흑색을 띠며, 뒷머리 옆쪽 외각부에 특별한 1쌍의 큰 돌기가 있고 가슴에도 돌기가 있다. 배 밑에는 복잡한 작은 얼룩 무늬가 많으나 제 6, 7마디에는 선명한 점무늬가 있다.

우화형 도수형
출현기 7~9월
성 충 배 길이 53mm, 뒷날개 길이 50mm
유 충 몸 길이 40mm
분 포 한반도 중·북부, 만주, 시베리아, 일본 등

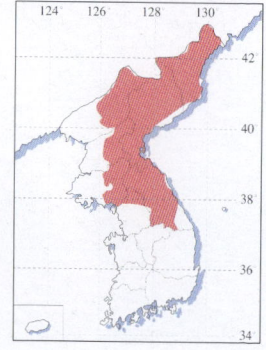

왕잠자리과

성숙 ♀ 1995. 8. 20. 강원 고진동

성숙 ♀ 측면 1995. 8. 20. 강원 고진동

43. 잘록허리왕잠자리

Gynacantha japonica Bartenef / 잘록허리왕잠자리속

특 징 겹눈은 청록색이고 몸에 비해 큰 편이다. 가슴은 녹색이며 중간 가슴 부근에 2줄의 흑색 줄무늬가 평행을 이룬다. 배 제 1, 2마디는 경계가 분명하지 않으며 원형으로 굵고, 제 2마디의 옆면에는 녹색의 작은 가시 돌기가 발달해 있다. 배 제 3마디의 앞쪽이 극히 가늘어서 원형의 굵은 제 1, 2마디와 대조를 이루어 아주 잘록하게 보인다.

생 태 유충은 주로 유기 침적물이 많이 쌓여 있는 연못, 농수로, 산간 계류의 물웅덩이에서 산다. 종령 유충은 야간에 정수 식물의 줄기나 나뭇가지에 붙어 우화한 후 해가 뜰 무렵 주변의 숲 속으로 이동한다. 성숙한 수컷은 대개 아침에 먹이를 잡아먹고, 낮에는 계곡의 어두운 곳을 찾아다니면서 작은 나무의 밑 가지 부근에 매달리듯 앉아 휴식을 취하고 석양 무렵에는 암컷을 찾아 활발히 날아다닌다. 교미는 작은 나뭇가지에 매달리듯 앉아 약 20~30분간 하고, 교미를 끝낸 후 암컷은 혼자서 날아다니며 물 속의 썩은 나뭇가지 속에 산란한다.

출현기 7월 하순~10월 중순
성 충 배 길이 54~60mm, 뒷날개 길이 45~50mm
유 충 몸 길이 32~37mm, 머리 너비 9mm 내외
분 포 한반도 중·남부, 제주도, 타이완, 일본 등

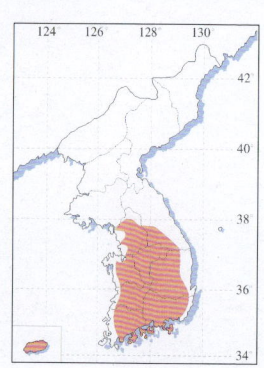

왕잠자리과

성숙 ♂ 등면 1997. 10. 18. 제주 돈내코

성숙 ♂ 측면 1997. 10. 18. 제주 돈내코

유충 1997. 10. 18. 제주 돈내코

44. 별박이왕잠자리

Aeshna juncea Linnaeus

별박이왕잠자리속

특 징 성숙 개체는 머리의 겹눈이 청록색으로 보석처럼 반짝이고, 얄미울 정도로 아름다운 색상을 띠고 있다. 등가슴은 갈색이고 2개의 녹색 띠무늬가 있으며 옆가슴에도 2개의 녹색 줄무늬가 있어 전체적으로는 별박이 무늬가 아로새겨진 청록색의 아름다운 왕잠자리이다. 수컷이 특별히 더 빛나고 호화스러운 반면, 암컷은 어두운 담녹색을 하고 있다. 배는 흑갈색으로 각 마디에 청색과 녹색 무늬가 산포되어 있다. 날개는 투명하나 옅은 황갈색 빛이 돌고 날개맥과 가두리무늬도 흑갈색이다.

생 태 유충은 산지의 물웅덩이, 습지대에서 산다. 우화는 거꾸로 매달리는 도수형이다. 암컷 혼자서 식물의 줄기 속에 알을 낳는다. 유충은 몸 전체가 옅은 갈색으로 배마디 옆면을 따라 흑갈색 줄무늬가 있다.

우화형 도수형
출현기 7월 하순~10월 중순
성 충 배 길이 50~54mm, 뒷날개 길이 40~45mm
유 충 몸 길이 27~30mm
분 포 한반도 중·북부, 사할린, 중국 동·북부, 시베리아, 유럽, 알래스카, 일본 등

| 1 | 2 | 3 | 4 | 5 | 6 | 7 | 8 | 9 | 10 | 11 | 12 |

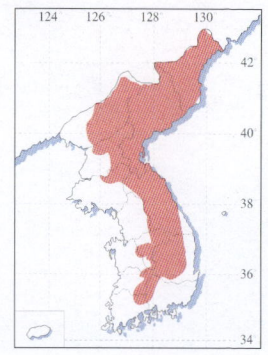

왕잠자리과

성숙 우 1995. 9. 23. 경남 산청

45. 하늘별박이왕잠자리(신칭)

Aeshna mixta Latreille　　　별박이왕잠자리속

특 징 애별박이왕잠자리(*Aeshna caerulea* Stroem)와 비슷하나 이마 꼭대기에 흑색의 T자 모양의 무늬가 있고, 등가슴 어깨판 가장자리에 녹색의 짧은 八자 무늬가 있다. 수컷의 배마디는 흑색이며 선명한 청보라색 무늬가 있다. 배 제 1마디의 옆면에는 청록색 무늬, 제 2, 3마디에는 청색 무늬가 있다. 교미 부속기는 흑색인데, 상부 부속기는 길고 버들잎 모양이며, 하부 부속기는 삼각형 모양으로 상부 부속기 길이의 1/2이다. 대개 암컷은 짙은 갈색 바탕에 배마디에 옅은 녹색 무늬가 있으나, 수컷과 동일한 청보라색 무늬가 있는 개체도 발견된다.

생 태 정수 식물이 무성한 방죽과 늪지에서 야간에 우화한 미성숙 개체는 이른 아침에 주변 야산의 숲으로 이동하여 산다. 성숙해지면 9월 초순경부터 우화 수역으로 돌아와 텃세권을 형성하고 15분 정도 점유한 영역을 비행하다가 부근의 정수 식물의 줄기에 앉아 약 6분간 휴식을 취하는 형태로 암컷을 기다린다. 암컷을 만나면 정수 식물의 줄기에 앉아 교미하고, 교미를 끝낸 암컷은 혼자서 날아다니며 정수 식물의 조직 내에 산란한다. 알로 월동하고, 이듬해 봄에 알에서 깨어난 유충은 9번의 허물벗기를 끝내고 8월 중순에 우화한다.

출현기 8월 중순~10월 초순
성 충 배 길이 47~49mm, 뒷날개 길이 38~40mm
유 충 몸 길이 31~33mm, 머리 너비 8mm 내외
분 포 한반도 중서·남부, 유럽, 지중해 연안, 중앙 아시아, 중국 동·중부, 일본 등

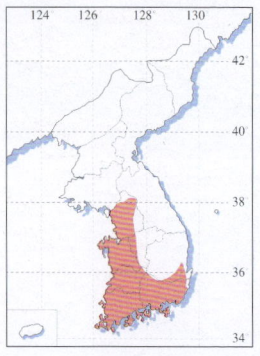

왕잠자리과

성숙 ♂ 등면 1997. 9. 17. 광명시 하안동(최순희)

성숙 ♂ 측면 1997. 9. 17. 광명시 하안동(최순희)

46. 긴무늬왕잠자리

Aeschnophlebia longistigma Selys 무늬왕잠자리속

특 징 몸 색상은 선명한 청록색 바탕에 앞가슴과 배마디 등면에 굵고 뚜렷한 긴 흑색 줄무늬가 선명하다. 미성숙 개체는 초록의 풀밭에 앉아 수줍은 듯 숨어 있으면 주변과 비슷한 몸 색상이 보호색 구실을 하여 좀처럼 눈에 잘 띄지 않는다.

생 태 성숙한 수컷은 6월 중순경부터 방죽의 정수 식물 위를 낮게 떠서 날아다니며 암컷을 찾는다. 미적 균형이 잡힌 색상과 원통 모양의 몸매는 특유한 아름다움을 보여 준다. 암컷은 교미 후 정수 식물의 줄기 속에 산란한다. 유충의 서식지는 상류에서의 물 공급이 끊기거나 물의 양이 많지 않아 수질이 계속 악화되는 낮은 언덕의 방죽, 늪지의 부영양형 수질에서 자라는 부들, 줄, 갈대 따위의 정수 식물이 무성한 곳이다. 종령 유충은 적갈색을 띠는데, 등가시가 없는 것이 특징이다.

우화형 도수형
출현기 5~8월
성 충 배 길이 45~48mm, 뒷날개 길이 43~47mm
유 충 몸 길이 40~45mm, 머리 너비 8mm
분 포 한반도 중·남부, 서남쪽 해안, 안면도, 중국 중·북부, 일본 등

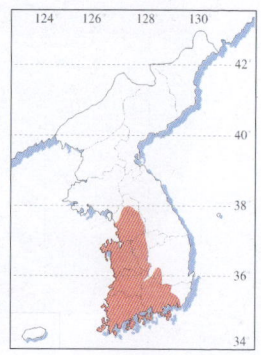

왕잠자리과

성숙 ♂ 등면 1997. 6. 11. 경기 광명

성숙 ♂ 측면 1997. 6. 16. 충남 안면도

왕잠자리과

교미 1997. 6. 11. 경기 광명시

왕잠자리과

산란 우 1993. 6. 20. 전북 군산

우화1 1998. 5. 24. 경기 도창지

우화2 1998. 6. 24. 경기 도창지

47. 왕잠자리

Anax parthenope Selys

왕잠자리속

특 징 성충은 가슴이 옅은 녹색으로 거의 무늬가 없다. 배 제 2, 3마디의 등면이 수컷은 옅은 청색을 띠고 있는 반면에 암컷은 황록색을 띠며 배의 밑부분이 은백색으로 광택이 난다. 그 밖의 각 마디는 수컷이 흑색, 암컷은 짙은 갈색이다.

생 태 교미가 끝난 암수는 연결한 채로 날아다니며 연못, 방죽, 저수지, 늪, 하천변의 수생 식물의 조직 내에 산란한다. 알이 부화하면 조그만 새우 모양의 전유충이 되고 곧 허물을 벗어 유충이 된다. 처음에는 물벼룩 따위를 먹다가 차츰 자라면서 장구벌레, 실지렁이, 송사리, 올챙이 등을 잡아먹으며 성장한다. 유충은 입술이 포획 가면을 이루어 먹이에게 급히 뻗으면서 그 끝의 갈고리로 먹이를 붙잡아 먹으며, 직장에 숨관 아가미가 있어 그곳에서 산소를 호흡한다. 다 자란 유충은 수면 위 정수 식물 줄기의 약 30~70cm 지점에서 멈춰 서서 도수형으로 우화하는데, 날아가기까지 약 5시간이 걸린다.

우화형 도수형
출현기 4~5월, 8~10월
성 충 배 길이 50~55mm, 뒷날개 길이 50~55mm
유 충 몸 길이 48~54mm, 머리 너비 9mm 내외
분 포 한반도 전역, 제주도, 울릉도 등 부속섬, 중국 전역, 타이완, 일본 등

| 1 | 2 | 3 | **4** | **5** | 6 | 7 | **8** | **9** | 10 | 11 | 12 |

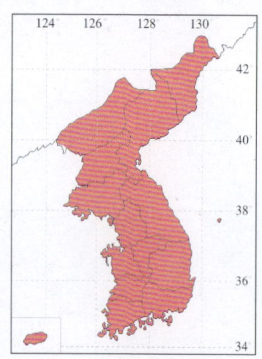

왕잠자리과

미성숙 ♂ 1992. 6. 20. 경기 물왕지

성숙 ♀ 1997. 5. 25. 경기 임진강

왕잠자리과

영역 순찰 ♂ 1992. 6. 25. 경기 파주

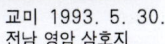

교미 1993. 5. 30.
전남 영암 삼호지

유충 1996. 5. 25. 경남 우포늪

우 화 과 정 1

왕잠자리과

1

2

3

4

5

1~2 두 마리의 유충이 우화를 시작하고 있다.
3~4. 아래에 있는 유충의 등가슴이 세로로 갈라지면서 미성숙한 잠자리의 머리가 나오기 시작한다.
5~6. 아래에 있는 유충의 미성숙한 잠자리는 머리와 앞다리, 등가슴 부분까지 나왔다.

1993. 5. 10. 22:00~5. 11. 3:30 역곡

왕잠자리과

6

7

8

9

7~9. 위에 있는 유충의 등가슴이 세로로 갈라지면서 머리가 나오기 시작한다.

10. 위에 있는 유충의 미성숙한 잠자리는 머리와 앞다리, 등가슴 부분이, 아래에 있는 유충의 미성숙한 잠자리는 배 부분과 꼬리 부분까지 나오려 하고 있다.

10

우화과정 2

왕잠자리과

11

12

13

11~13. 위에 있는 유충의 미성숙한 잠자리는 배 부분과 꼬리 부분이 나오려 하고 있다.
14~15. 아래에 있는 유충의 미성숙한 잠자리는 꼬리 부분까지 모두 나왔다.

14

15

1993. 5. 10. 22:00~5. 11. 3:30 역곡

왕잠자리과

16

17

18

16. 두 잠자리가 모두 허물을 벗었다.

16~20. 두 잠자리의 날개가 조금씩 펴지고 있으며 아래에 있는 미성숙한 잠자리의 날개는 백색에서 무색 투명한 빛으로 변하고 있다.

19

20

우화과정 3

왕잠자리과

21

22

21~27. 두 미성숙한 잠자리는 날개를 말리고 있으며, 날개가 마르면서 날개 빛깔은 백색에서 서서히 무색 투명한 빛으로 변하고 있다. 아직까지 배 부분과 꼬리는 구부러져 있다.

23

24

25

1993. 5. 10. 22:00~5. 11. 3:30 역곡

왕잠자리과

26

27

28

28. 두 잠자리의 날개 빛깔은 무색 투명하며 이것은 날개가 다 말랐음을 암시한다. 배 부분과 꼬리는 직선으로 곧다.

29. 위에 있는 미성숙한 잠자리는 날아가 버리고 아래에 있는 잠자리가 날아갈 준비를 하고 있다.

30. 두 잠자리가 모두 날아가 버리고 탈피각만 남아 있다.

29

30

48. 먹줄왕잠자리

Anax nigrofasciatus Oguma 왕잠자리속

특 징 왕잠자리보다 전체적으로 몸 색상이 흑색이 강하다. 겹눈은 청록색으로 빛나고, 이마 꼭대기에는 T자 모양의 흑색 무늬가 있다. 가슴은 녹색이고, 옆가슴에 선명한 흑색 줄무늬가 2줄 있다. 수컷의 배 제 2, 3마디는 황록색과 옅은 청색이 섞여 빛나고 나머지 마디는 흑색 바탕에 작은 청색 무늬가 열을 지어 있다. 그에 비해 암컷의 배 제 2, 3마디는 황록색과 회색이 섞여 있고, 나머지 마디는 갈색 바탕에 작은 황갈색 무늬가 열을 지어 있다. 날개는 투명한데, 암컷의 날개 앞가두리 결절과 밑부분은 황색이다.

생 태 성숙한 수컷은 왕잠자리속 특유의 적극적인 공격성으로 직접 상대편의 가슴을 들이받으며 자신의 영역을 지키는데, 왕잠자리보다는 낮은 수면을 점유한다. 교미를 끝낸 후 암컷은 혼자서 물 밖으로 나온 수생 식물의 줄기 조직 내에 알을 낳는다. 유충은 야산의 연못, 방죽 등에 살며, 모습은 왕잠자리와 비슷하나 몸 색상이 약간 더 흑색이고 포획 가면 옆면의 선이 날카롭다는 점으로 구별된다.

우화형 도수형
출현기 5~9월
성 충 배 길이 45~52mm, 뒷날개 길이 45~50mm
유 충 몸 길이 40~43mm, 머리 너비 9mm
분 포 한반도 해안선을 제외한 전역, 네팔, 부탄, 미얀마, 중국 중·북부(대륙먹줄왕잠자리), 타이완, 필리핀, 일본

| 1 | 2 | 3 | 4 | 5 | 6 | 7 | 8 | 9 | 10 | 11 | 12 |

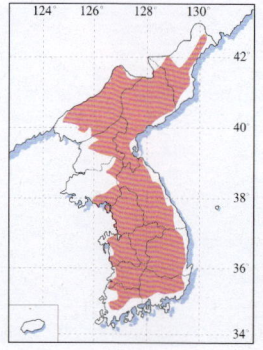

왕잠자리과

성숙 ♂ 측면 1993. 6. 24. 경기 주금산   성숙 ♂ 안면 1993. 6. 24. 경기 주금산

성숙 ♀ 1993. 6. 24. 경기 주금산

왕잠자리과

산란 우 1994. 5. 13. 성남 중앙지

북방잠자리과

밑노란잠자리속
산잠자리속
잔산잠자리속
언저리잠자리속

49. 밑노란잠자리

Somatochlora graeseri Selys   　밑노란잠자리속

특 징 몸 전체가 청록색 금속 광택을 띤다. 가슴에는 별다른 무늬가 없으나 담황색의 잔털이 빽빽이 나 있어서 전형적인 한랭성 북방잠자리과의 특징을 나타낸다. 수컷은 배마디 전체가 흑청색이며 지역에 따라 배 제 2마디의 좌우 아래쪽에 작은 삼각형의 황색 무늬가 있는 개체도 발견된다. 암컷은 배 제 2, 3마디에 나뭇잎 모양의 황색 줄무늬가 선명하다. 날개는 투명한데, 수컷의 가슴과 날개 접착부인 기부는 담황색을 띠고 있으며, 암컷은 담황색을 더욱더 많이 띠고 있고, 날개맥과 가두리무늬는 흑갈색이다.

생 태 성숙한 수컷은 한랭한 계곡 주변의 늪지와 물웅덩이, 절의 인공 연못 등지에서 못의 가장자리를 따라 날아다니며 세력권을 형성한다. 작은 물웅덩이에는 한 개체가, 조금 큰 늪지에서는 두세 개체가 복수로 세력권을 형성하여 여러 개체가 순번을 지키며 시차 중복형으로 차례차례 반시계 방향으로 순찰을 돈다. 암컷이 세력권에 들어오면 수컷은 날개를 부르르 떠는 행동으로 암컷의 관심을 끈다. 교미 후에 암컷은 혼자서 간헐적인 타수산란을 한다. 유충은 전체적으로 흑갈색을 띠며, 겹눈 사이에 짙은 갈색 반점이 많고 배의 등가시가 제 4~9마디에 있다.

우화형 도수형
출현기 6~8월
성 충 배 길이 33~35mm, 뒷날개 길이 35~36mm
유 충 몸 길이 18~20mm
분 포 한반도 중·북부 산악의 늪지, 시베리아, 북만주, 사할린, 일본 홋카이도와 혼슈

북방잠자리과

미성숙 ♀ 1994. 7. 19. 강원 가리왕산

성숙 ♂ 1995. 8. 20. 강원 건봉산   안면 1994. 7. 12. 강원 백담 계곡

50. 밑노란잠자리붙이

Somatochlora arctica Zetterstedt   밑노란잠자리속

특 징 몸 전체가 금록색을 띠며 가슴에는 황금색의 잔털이 많이 나 있다. 수컷의 배마디는 가늘고 흑청색이며, 배 제 2, 3마디에 황색 반점이 없다. 이 점으로 밑노란잠자리와 쉽게 구별된다. 암컷은 수컷에 비해 배마디가 더 굵고, 배 제 2, 3마디에 옅은 황색 반점이 흔적적으로 남아 있다.

생 태 중국 쪽 백두산 주변의 평지에서는 작은 규모의 연못과 늪지대의 물웅덩이에서 산다. 수컷은 세력권을 확보하고 순찰을 돌며 암컷을 찾는다. 교미는 주변의 나뭇잎에 앉아 하고, 교미를 끝낸 암컷은 혼자서 정수 식물 사이를 날아다니며 배로 수면을 치며 타수 산란을 한다.

출현기 6~8월
성 충 배 길이 34mm, 뒷날개 길이 31mm
유 충 몸 길이 17mm, 머리 너비 6mm
분 포 한반도 북부, 만주, 유라시아 대륙 북부, 일본 등

| 1 | 2 | 3 | 4 | 5 | 6 | 7 | 8 | 9 | 10 | 11 | 12 |

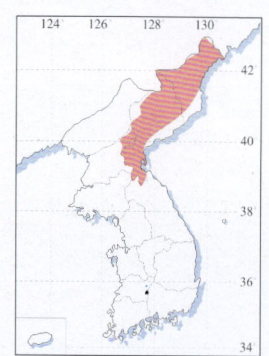

성숙 ♂ 1996. 6. 22. 백두산

북방잠자리과

51. 산잠자리

Epophthalmia elegans Brauer — 산잠자리속

특 징 몸은 흑색 바탕에 굵고 뚜렷한 황색 무늬가 있다. 겹눈은 청록색으로 빛나고 가슴도 금속 광택이 강한 청록색에 앞가슴에는 황색 띠무늬가 2줄 있다. 등가슴 정중앙에 삼각형 모양으로 3개의 원형 반점이 있고 옆가슴에도 황색 띠무늬가 2줄 있다. 배는 흑색 바탕에 수컷은 제 6, 9마디를 제외한 각 마디에 황색 무늬가 있고, 제 10마디 등면의 원추형 돌기 밑에 황색 무늬가 있다. 그에 비해 암컷은 배 제 2~8마디에 뚜렷한 황색 무늬가 있다.

생 태 규모가 큰 저수지에서는 서너 마리의 수컷이 같은 장소에서 약 10분의 시간적 간격을 두어 순번제로 물가를 반시계 방향으로 순찰을 돌며 세력권을 행사하는 광경을 볼 수 있다. 즉, 수컷들은 자신의 세력권을 확보한 후 다른 영역에 침범하지 않고 절대 싸우지 않으며, 품위 있게 질서를 유지할 수 있는 시차 중복형의 방법을 쓴다. 또 생김새가 닮은 잔산잠자리와는 시간 분리형(오전 10시~오후 3, 4시는 산잠자리, 오후 4시~황혼 무렵까지는 잔산잠자리)으로 일정 수면을 공유하고 있다. 교미 후 암컷은 혼자 초저공으로 날며 타수 산란을 한다. 유충은 갈색 바탕에 복잡한 흑갈색 반점이 많고, 넓적한 타원형으로 생겼으며, 몸의 크기가 큰 것에 비해 머리는 작다.

우화형 도수형
출현기 5월 하순~10월 초순
성 충 배 길이 50~60mm, 뒷날개 길이 47~53mm
유 충 몸 길이 33~40mm, 머리 너비 9mm
분 포 한반도 전역, 제주도, 타이완, 중국 중·남부, 일본 등

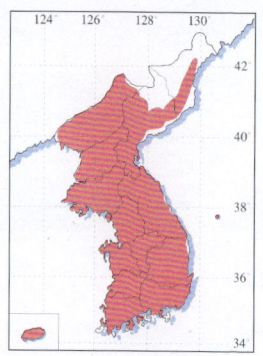

북방잠자리과

미성숙 ♂ 1993. 7. 6.
경기 반월

성숙 ♂ 1992. 8. 10. 전남 영암

탈피각 1993. 6. 18. 부여 옥산지

52. 잔산잠자리

Macromia amphigena Selys   잔산잠자리속

특 징 몸 색상이 청록색 금속 광택을 약간 띤 흑색 바탕에 황색 줄무늬가 곱게 아로새겨져 있는 아름다운 잠자리이다. 겹눈은 청록색이고 이마에 황색 띠무늬가 있다. 등가슴 앞쪽에 가로 2줄, 세로 2줄의 짧은 황색 줄무늬가 선명하며, 옆가슴은 청록색 바탕에 2줄의 황색 줄무늬가 등가슴까지 연결되어 있다. 배 제 2마디 등면의 황색의 가로줄 무늬는 가늘고 길며, 제 3~6마디의 황색 무늬는 정중앙을 가는 흑색으로 양분하고 있으나 제 7마디의 황색 무늬는 삼각형 모양이다. 특히 배 제 3마디 옆면의 황색 무늬가 L자 모양을 하고 있어 닮은 다른 종과 구별할 수 있다. 날개는 투명하며, 뒷날개 밑부분에 옅은 황색의 아롱진 무늬가 있다. 산잠자리와 생김새가 비슷하나 크기가 약간 작고 몸매도 가늘다.

생 태 시차 중복형으로 세력권을 행사하는 것은 산잠자리와 같다. 교미한 후 암컷은 혼자서 바쁘게 저수지나 강변의 물가를 따라 날아다니며 간헐적으로 타수 산란을 한다. 유충은 납작한 타원형이고, 털이 많은 다리는 길고 흑갈색을 띤다.

우화형 도수형
출현기 5월 하순~7월 초순
성 충 배 길이 48~55mm, 뒷날개 길이 46~53mm
유 충 몸 길이 25~30mm, 머리 너비 9mm 내외
분 포 한반도 전역, 중국 북부, 만주, 일본 등

| 1 | 2 | 3 | 4 | 5 | 6 | 7 | 8 | 9 | 10 | 11 | 12 |

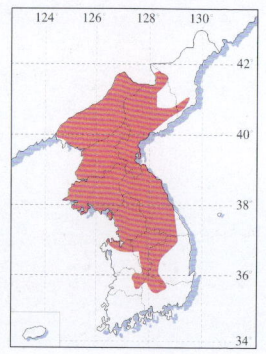

북방잠자리과

성숙 ♂ 등면 1992. 8. 23. 경기 용인

성숙 ♂ 측면 1993. 7. 3. 강원 파로호

53. 노란잔산잠자리

Macromia daimoji Okumura   잔산잠자리속

특 징 전체적으로 흑색 바탕에 황색 줄무늬가 있는 큰 잠자리이다. 성숙한 수컷의 가슴은 금속 광택이 강한 흑청록색, 겹눈은 청남색이다. 잔산잠자리와 생김새가 비슷하나 배마디의 황색 무늬가 선명하고, 교미 부속기의 미모는 짧다. 몸 색상과 무늬는 암수가 약간 다르고, 성숙한 암컷의 날개에는 등황색 무늬가 넓게 퍼져 있다.

생 태 유충은 주로 너비가 넓은 강과 하천의 모래와 자갈 속에 숨어 살고 있으며, 새벽녘에 물가의 풀숲으로 기어올라와 약 3시간 30분 동안 우화한다. 미성숙 개체는 주변의 숲으로 이동하여 먹이를 잡아먹으며 성숙해진다. 성숙한 수컷은 물가로 돌아와 암컷을 찾는데, 특히 석양 무렵에 활발하게 움직인다. 교미는 주변 숲의 키가 큰 나무에 앉아 한다. 교미한 후 암컷은 혼자 물가를 왕복 비행하며 수초가 있는 곳에서 간헐적으로 수면을 치며 타수 산란을 한다.

출현기 6월 하순~8월
성 충 배 길이 55~60mm, 뒷날개 길이 45~50mm
유 충 몸 길이 24~26mm, 머리 너비 7mm 내외
분 포 한반도 중·북부, 만주, 일본 등

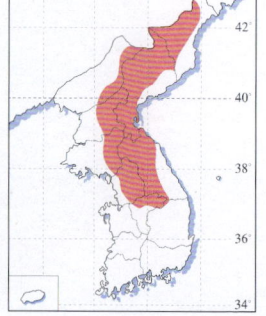

북방잠자리과

미성숙 ♀ 1997. 6. 27. 강원 영월   탈피각 1997. 6. 27. 강원 영월

성숙 ♂ 안면 1997. 6. 27. 강원 영월

우 화 과 정

북방잠자리과

1. 잠자리가 아직 날개를 펴지 못하고 있다.

2. 포개져 있던 잠자리의 날개가 시간이 지나면서 차츰 펴지고 있다.

1997. 6. 27. 강원 영월 동강

북방잠자리과

3. 날개를 거의 폈는데 아직 날 수는 없다.

4. 날개를 모두 펴고 있으며, 날개가 거의 말라 날아갈 준비를 하고 있다.

54. 언저리잠자리

Epitheca marginata Selys   언저리잠자리속

특 징 머리는 회청색이며, 가슴 전체에 갈색의 긴 털이 있다. 앞가슴에는 뚜렷한 삼각형 모양의 흑색 줄무늬가 있고, 등가슴은 황색인데 정중앙에 흑색 줄무늬가 1줄 있다. 배마디는 흑색 바탕에 제 2~8마디의 좌우에 1쌍의 황색 무늬가 있다. 수컷은 날개가 투명하며, 날개 밑에 매우 작은 흑색 반점이 있으나 암컷은 각 날개의 앞가장자리 결절 부근에 짙은 흑갈색의 어리띠무늬가 선명하다. 날개맥과 가두리무늬는 암수 모두 흑갈색을 띤다.

생 태 교미를 끝낸 후 암컷은 물가 식물의 줄기를 잡고 매달리듯 앉아서 산란관을 통해 알 덩어리를 꼬리 끝에 배출한 후 그 상태로 날아다니면서 순간적으로 한번 배로 수면을 쳐서 알을 풀어 놓는 특수한 산란 행동을 한다. 암컷의 산란관은 매우 길어 배 제 10마디의 1/2을 차지하고 있으며 두 갈래로 나뉘어져 있지 않아서 아래쪽에 산란 구멍이 있는 독특한 구조이다. 젤라틴질의 알은 보통 7~10cm 정도의 길고 가는 끈 속에 들어가 있어 확대해 보면 올챙이 모양을 하고 있다. 1개의 알 덩어리에는 대략 600~800개의 알이 있는데, 이것은 서서히 물 속으로 잠기면서 각각 흩어져서 수생 식물의 줄기에 감기게 된다. 유충은 갈색 바탕에 복잡한 무늬가 있고 넓적한 원형에 가깝다. 배 제 3~9마디 등면에 등가시와 제 8, 9마디에 옆가시가 있다.

출현기 4월 중순(남부), 5월 초순~6월 하순(중·북부)
성 충 배 길이 32~37mm, 뒷날개 길이 31~36mm
유 충 몸 길이 22~26mm, 머리 너비 6mm 내외
분 포 한반도 전역, 중국, 일본 등

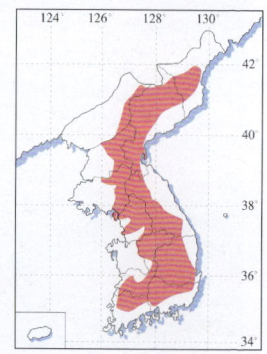

북방잠자리과

성숙 ♂ 1997. 5. 4. 경북 건천   안면 1997. 5. 3. 경기 광명

성숙 ♀ 1997. 5. 4. 경북 건천

북방잠자리과

영역 순찰 ♂ 1997. 5. 4. 경북 건천

교미 1997. 5. 10. 경기 금촌

잠자리과

배치레잠자리속
밀잠자리속
점박이잠자리속
고추잠자리속
꼬마잠자리속
밀잠자리붙이속
좀잠자리속
진주잠자리속
노란허리잠자리속
된장잠자리속
날개잠자리속
나비잠자리속

55. 배치레잠자리

Lyriothemis pachygastra Selys

배치레잠자리속

특 징 배가 두드러지게 너비가 넓고 굵고 짧으며 편평하다. 미성숙일 때에는 암수 모두 옅은 황갈색 바탕에 배의 등면에 흑색 줄무늬가 있다. 암컷은 배의 등면 중앙을 따라 세로로 굵은 흑색 줄무늬가 1개 있고, 수컷은 3개의 줄무늬가 있는데, 암수 모두 배 마디마디에 흑색의 가로줄 무늬가 가늘게 있다. 그러나 성숙함에 따라 수컷은 차츰 흑빛이 증가하여 몸 전체가 적색을 약간 띤 흑색으로 변하여 거의 무늬가 없어진 반성숙 상태가 된다. 시간이 지나 완전 성숙의 단계에 이르면 가슴과 배 제 2~7마디의 등면에 백색 가루분이 나타나 회청색으로 변한다. 이렇게 수컷은 미성숙, 반성숙, 성숙의 3단계를 거치며, 반성숙 상태에서도 성 분비선의 발육에 의해 혼인색을 나타내어 교미하는 것을 관찰할 수 있다. 암컷은 기본적인 색상과 무늬는 변하지 않고 바탕색인 황갈색만 약간 짙어질 뿐이다.

생 태 교미 후 암컷은 습지, 농수로, 물논의 정수 식물 옆에서 타수 산란을 한다. 유충은 부유물이 많은 진흙 바닥 속에 숨어 사는데, 유충의 탈피각을 보면 진흙으로 얇게 표피가 덮여 있는 경우가 많다. 유충은 몸 색상이 황갈색이며 몸통은 원형에 가깝고 다리에 잔털이 많이 나 있다.

우화형 도수형
출현기 5월 초순~9월 중순
성 충 배 길이 20~25mm, 뒷날개 길이 27~30mm
유 충 몸 길이 14~15mm, 머리 너비 5mm
분 포 한반도 함경도와 강원도 일부 한랭한 산악 지대를 제외한 전역, 중국, 일본 등

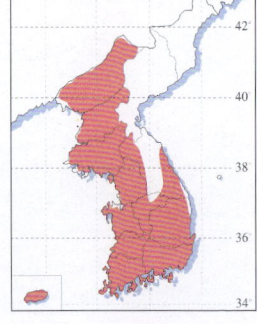

| 1 | 2 | 3 | 4 | 5 | 6 | 7 | 8 | 9 | 10 | 11 | 12 |

잠자리과

미성숙 ♀ 1992. 6. 24. 경기 천마산

잠자리과

미성숙 ♂ 1992. 7. 9. 경기 주금산

성숙 과정 ♂ 1992. 7. 9. 경기 주금산

잠자리과

반성숙 ♂ 1992. 6. 4. 충남 금강

성숙 ♂ 1992. 7. 21. 경기 천마산

56. 큰밀잠자리

Orthetrum triangulare Selys   밀잠자리속

특 징 미성숙 수컷은 짙은 황갈색 바탕에 배 제 3~6마디 등면에 흑색 무늬가 있고, 7마디부터는 전부가 흑색이다. 암컷은 배 제 4~6마디 등면에 가로, 세로로 흑색 줄무늬가 나열되어 있고, 7마디부터는 전부 흑색이다. 날개는 모두 투명한데, 뒷날개의 밑부분에 삼각형 모양의 흑색 무늬가 있다. 성숙해지면 몸 색상이 판이하게 달라져 수컷은 배마디의 중간부터 서서히 회청색으로 변하기 시작하여 완전 성숙하면 그림물감을 칠한 듯 가슴, 배, 뒷날개의 밑부분이 회청색으로 변하고 배 제 9, 10마디만 흑색이 남는다. 암컷은 옆가슴에 너비가 넓은 흑색 무늬가 있고 뒷날개의 밑부분은 등황색을 띤다. 그러나 지방에 따라 미세한 여러 가지의 개체 변이가 나타난다.

생 태 무리를 짓지 않고 분산하여 사는 습성이 강하다. 수컷은 6월 중순부터 이미 물가에 나타나서 같은 장소에 끈질기게 앉아 암컷을 기다리는 고집스러움이 있다. 교미 후 암컷은 수컷의 경호하에 타수 산란을 한다. 유충은 평지의 농수로, 방죽, 늪지대에 살며, 몸 색상은 짙은 갈색 바탕에 배마디의 중앙선을 따라 잔털이 많이 나 있다.

우화형 도수형
출현기 5~10월
성 충 배 길이 35~38mm, 뒷날개 길이 37~45mm
유 충 몸 길이 18~23mm, 머리 너비 6mm
분 포 한반도 전역, 제주도, 중국 남·북부, 타이완, 타이, 미얀마, 일본 등

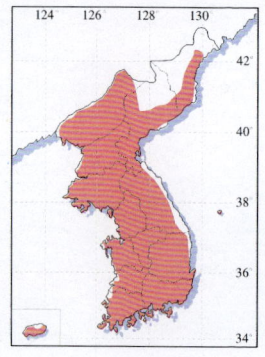

잠자리과

미성숙 ♂ 1993. 7. 6. 경기 수리산

반성숙 ♂ 1993. 7. 6. 경기 수리산

잠자리과

성숙 ♂ 1993. 7. 29. 전북 모악산

잠자리과

교미 1994. 7. 31. 경남 가지산

산란 ♀ 1995. 8. 12. 경남 거제도

유충 1995. 5. 20. 충남 안면도

57. 밀잠자리

Orthetrum albistylum Selys 　　밀잠자리속

특 징 미성숙일 때에는 암수 모두 황갈색 바탕에 흑색 무늬가 있는 암컷 색상을 띠지만 성적으로 성숙해지면 수컷은 전혀 다른 색상으로 변한다. 성숙한 수컷의 뒷머리는 흑갈색이고 이마혹은 흑색인데, 이마와 이마조각, 위아랫입술은 회황색, 눈은 맑고 푸른 회청색으로 얼굴 전체가 신비함을 풍긴다. 가슴과 배는 전체가 회색 바탕에 백색 가루분으로 덮여 있다. 옆가슴에 굵은 3개의 흑색 줄무늬가 있고, 배 제 7~9마디에는 흑색, 10마디에는 유백색, 3~6마디에는 흑색 띠무늬가 있다. 성숙해질수록 수컷은 흑색이 더해지는 데 반해 암컷은 미성숙일 때보다 약간 녹색을 띤 짙은 황갈색으로 변하며, 배마디 좌우에 병렬로 나 있는 흑색 무늬만 더욱 짙어질 뿐이다.

생 태 성숙한 암컷은 물가의 풀 사이나 부근의 숲 속에서 생활하고, 수컷은 물가로 돌아와 모래 바닥이나 돌, 나뭇가지, 풀줄기 등에 앉아 일정한 영역을 확보하고 텃세권을 갖는다. 수컷은 암컷을 발견하면 즉시 연결하여 땅바닥이나 바위, 풀 등에 앉아 교미를 한다. 교미를 끝낸 암컷은 혼자서 또는 수컷의 산란 경호하에 늪이나 농수로, 저수지 등의 정수 식물이 무성한 곳에서 정지 비행하여 타수 산란을 한다. 유충의 몸 색상은 황색이다.

우화형 도수형
출현기 4월 중순~10월 중순
성 충 배 길이 35~40mm, 뒷날개 길이 40~43mm
유 충 몸 길이 19~24mm, 머리 너비 5~6mm
분 포 한반도 전역, 제주도, 울릉도 등 부속섬

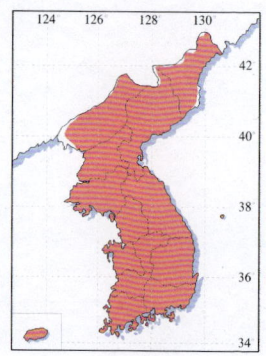

잠자리과

우화 ♂ 1993. 6. 5. 경남 우포늪

미성숙 ♂ 1993. 5. 27. 경기 수리산

반성숙 ♂ 1994. 5. 30. 전북 고창

잠자리과

성숙 ♀ 1995. 7. 3. 경기 강화

성숙 ♂ 1993. 5. 14. 경남 우포늪

교미 1992. 6. 18. 경기 주금산

잠자리과

우 화 과 정 1

잠자리과

1 15:00

2

3

4

5

1~2. 물 속에 있던 유충이 우화하기 위해 바위 위로 오르고 있다.

3. 바위 위에 있던 유충이 근처의 나뭇가지로 자리를 옮겼다.

4~7. 유충의 등가슴이 세로로 갈라지면서 미성숙한 잠자리의 머리가 나오려 한다.

1993. 6. 5. 15:00~17:40 경남 우포늪

잠자리과

6

7

8

9

8. 미성숙한 잠자리의 머리가 나왔다.
9. 미성숙한 잠자리의 앞다리가 나왔다.
10. 미성숙한 잠자리의 배 부분이 나오고 있다.

10

우 화 과 정 2

잠자리과

11

12

13

11〜13. 앞다리에 힘을 주고 꼬리를 뽑아 내고 있다.
14. 꼬리를 뽑아 내었다.

14

15

1993. 6. 5. 15:00~17:40 경남 우포늪

잠자리과

16

17

18

20. 잠시 쉬고 있으며 뒷다리에 힘이 생겨 뒷다리를 직각으로 구부리고 있다.

19

20

우화과정 3

잠자리과

21

22

23

24

25

26

1993. 6. 5. 15:00~17:40 경남 우포늪

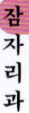
잠자리과

27

28

29

30

28. 지금까지 접고 있던 날개를 펴고 있다.
30. 자리를 조금 위쪽으로 이동하였다.
31. 날아갈 준비를 하고 있다.

31

58. 중간밀잠자리

Orthetrum japonicum Uhler   밀잠자리속

특 징 미성숙 개체는 밝은 황색 바탕에 흑색 무늬가 조화를 이루어 우아하고 고귀한 느낌을 준다. 얼굴은 황갈색이고, 등가슴 앞쪽의 중앙선에 있는 넓은 황색 줄무늬 양쪽으로 2개의 흑색 줄무늬가 선명하게 그어져 있다. 옆가슴에는 황색 바탕에 굵고 너비가 넓은 1개의 흑색 줄무늬가 뚜렷하다. 배마디의 밑은 흑색이고, 각 배마디의 옆면과 등면에 황색의 반달 모양의 무늬가 있으며, 흑색 반점도 선명하고 뚜렷하여 전체적으로 흑색을 띠고 있다. 날개는 투명한데, 각 날개 밑부분에 작은 황색 반점이 있고, 날개맥과 두리무늬는 흑갈색이다. 성숙하면 수컷은 가슴과 배마디가 백색 가루분으로 덮여 회백색으로 빛나고, 교미 부속기의 끝만 흑색을 띠어 밀잠자리 수컷과 매우 흡사해진다. 암컷은 황색과 흑색이 짙어질 뿐이다.

생 태 약 1~2시간의 교미 후 암컷은 혼자 저수지 상류의 수심이 얕은 곳에서 밀잠자리속 암컷의 공통적인 특징인 타수 산란을 한다. 유충은 갈색을 띠고 아랫입술의 너비가 넓은 편이다. 유충은 담수와 해수가 만나는 하천 기슭에도 사는 것이 발견되었다.

우화형 도수형
출현기 5월 초순~8월 초순
성 충 배 길이 25~28mm, 뒷날개 길이 31~33mm
유 충 몸 길이 16~18mm, 머리 너비 5.5mm 내외
분 포 한반도 중·남부, 타이완, 대마도

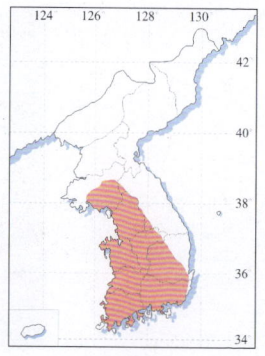

잠자리과

미성숙 ♂ 1994. 4. 24. 발안 고삼지

잠자리과

반성숙 ♂ 등면 1994. 5. 1. 경기 안성

반성숙 ♂ 측면 1994. 5. 7. 발안 고삼지

잠자리과

성숙 ♀ 1993. 5. 27. 경기 물왕지

성숙 ♂ 1996. 5. 24. 경북 김천

59. 홀쭉밀잠자리

Orthetrum lineostigma Selys　　　밀잠자리속

특 징　수컷은 얼굴이 흑색, 가슴과 배마디의 대부분은 남회색, 부속기 끝은 흑색이다. 날개는 투명한데, 날개 끝에 흔적적으로 갈색 무늬가 약간 남아 있는 회청색 A형과 암컷과 같은 몸 색상인 황갈색 B형이 있다. A형은 B형에 비해 대체로 개체 수가 적은 편이다. 암컷은 얼굴이 갈색, 가슴과 배는 황갈색 바탕에 흑색 무늬가 있으며, 옆가슴은 황갈색 바탕에 흑갈색 띠무늬가 2줄 있다. 배마디 등면 중앙선을 따라 가느다란 흑색 줄무늬가 배 끝까지 이른다. 날개는 투명한데 담황색으로 빛나고, 앞가두리의 결절을 따라 선명한 담갈색을 띠고 있으며, 날개의 가두리무늬 바깥쪽으로 흑갈색 깃동 무늬가 있다. 수컷은 암컷에 비해 작은데, 특히 A형이 작으며, 밀잠자리속의 다른 수컷에 비해 홀쭉한 체형이기 때문에 이와 같은 이름이 유래되었다.

생 태　우리 나라의 밀잠자리속 중에서 가장 늦게 나타난다. 날아다니는 모습도 활발하지 못하고, 짧은 거리를 날고는 곧 지면에 내려앉는다. 20분 이내로 교미를 마치면 암컷은 혼자 타수 산란을 한다. 유충은 하천 유역에 살고, 몸은 갈색 바탕에 중앙선을 따라 잔털이 많으며, 짧은 옆가시가 제 8, 9 마디에 있다.

우화형　도수형
출현기　7월 초순~10월 초순
성 충　배 길이 28~33mm, 뒷날개 길이 33~38mm
유 충　몸 길이 17~20mm, 머리 너비 5.5mm
분 포　한반도 중·북부, 중국 중·북부, 만주, 우수리 등

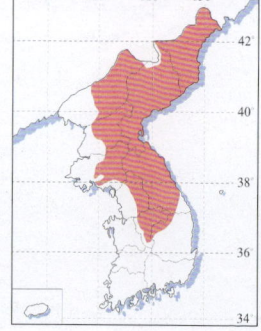

| 1 | 2 | 3 | 4 | 5 | 6 | 7 | 8 | 9 | 10 | 11 | 12 |

잠자리과

성숙 ♀ 1993. 7. 31. 강원 쌍용   미성숙 ♀ 1993. 8. 31. 강원 쌍용

성숙 ♂ 1993. 8. 31. 강원 쌍용

60. 넉점박이잠자리

Libellula quadrimaculata Linnaeus   점박이잠자리속

특 징   각 날개의 결절부에 작은 흑갈색 점무늬가 있고, 앞가두리를 따라 희미하게 황갈색 띠무늬가 있다. 뒷날개의 밑부분에도 삼각형 모양의 흑갈색 무늬가 있다. 가두리무늬는 긴 사각형으로, 선명한 흑갈색이다. 몸 색상은 황갈색 바탕에 옆가슴에 2개의 흑색 줄무늬가 있다. 배마디는 굵고 넓적하며, 등면은 황색이고, 제 6마디에서부터 흑화되기 시작하여 8마디부터는 전체가 흑색 무늬로 덮인다. 각 날개의 결절에 있는 4개의 작은 흑갈색 무늬가 눈에 띄어 넉점박이잠자리라는 이름을 얻었다. 성숙한 수컷은 회색미가 풍기는 황갈색으로 약간 변색되나 암컷은 별로 변화가 없다.

생 태   북방계 잠자리는 추운 지방에서 태양열을 더 많이 흡수하기 위해서 인지 몸 색상이 흑갈색이나 흑색이 많고, 성숙해도 별로 색상의 변화가 크지 않은 경향이 있다. 또 봄에 출현하여 짧은 기간 동안 활동을 하다가 번식을 마치고 죽는 잠자리들은 피부의 색소 침착이 다소 느려 혼인색을 띠지 않는 경향이 있다. 암·수컷은 공중에서 20~30초의 짧은 교미를 마친 후 암컷 혼자서 늪이나 습지대의 물웅덩이를 낮게 날며 타수 산란을 한다. 유충은 흑갈색을 띠고 있으며, 제 3~8마디에 옆가시가 있다.

우화형   도수형
출현기   5~6월(중·남부), 6~8월(북부)
성 충   배 길이 27~30mm, 뒷날개 길이 33~36mm
유 충   몸 길이 18~23mm, 머리 너비 7mm
분 포   한반도 중·북부, 중국 동·북부, 우수리, 아무르, 유럽, 북미 북동부, 일본 등

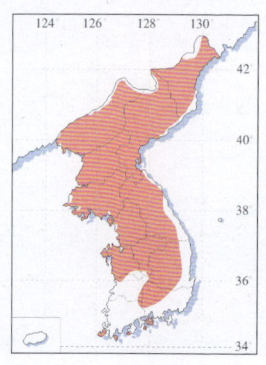

미성숙 ♂ 1994. 5. 25. 경기 수원

잠자리과

산란 ♀ 1996. 6. 18. 백두산

61. 대모잠자리

Libellula angelina Selys 　　점박이잠자리속

특 징 미성숙 개체는 몸 전체가 갈색 바탕에 흑갈색의 얼룩얼룩한 무늬가 있다. 날개는 투명한데, 각 날개의 밑부분 삼각실의 위 끝과 그 부근에, 중앙부 결절 바로 뒤에, 그리고 날개 끝 가두리무늬 주위에 3개의 특이한 흑갈색의 아롱진 무늬가 있다. 몸 색상은 황갈색 바탕에 등가슴 중앙선을 따라 1개의 가는 흑색 줄무늬가 있고 옆가슴에는 무늬가 없으며, 몸 전체가 빽빽이 잔털로 덮여 있다. 배마디는 황갈색이며, 등면의 중앙에 굵은 흑색 줄무늬가 배 끝까지 이른다. 성숙하면 수컷은 몸 색상과 각 날개의 3개의 무늬가 흑색을 띤 짙은 흑갈색으로, 암컷은 짙은 황갈색으로 변색된다.

생 태 전체적으로 땅딸막한 생김새에 암컷이 수컷에 비해 약간 작은 편이다. 미성숙일 때의 몸 색상과 날개 무늬가 자라의 등을 닮았다고 하여 대모(玳瑁)잠자리라는 이름이 유래되었다. 교미 후에 암컷은 혼자서 저수지를 돌아다니며 타수 산란을 한다. 유충은 몸 전체에 털이 많고 제 8, 9마디에 옆가시가 있다.

출현기 4월 하순~6월
성 충 배 길이 25~30mm, 뒷날개 길이 30~35mm
유 충 몸 길이 17~22mm, 머리 너비 6mm
분 포 한반도 전역, 중국 동·북부, 우수리, 일본 등

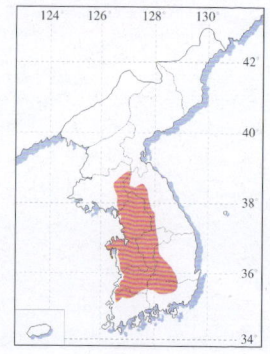

잠자리과

성숙 ♂ 1997. 5. 10. 경기 광명

잠자리과

성숙 우 등면 1997. 5. 11. 경기 광명

성숙 우 측면 1997. 5. 10. 경기 광명

잠자리과

♂·♀ 비교 1997. 5. 10. 경기 광명

62. 고추잠자리

Crocothemis servilia Drury   고추잠자리속

특 징 미성숙 개체는 몸 전체가 귤빛과 같은 등색을 띠고 있고, 날개도 전체적으로 등색을 띠고 있으나, 특히 앞가두리맥과 밑부분의 기부(基部)는 짙은 등황색이다. 배마디 옆면에 작은 톱니 모양이 발달되어 있어 배마디가 굵어 보인다. 주로 마른 풀줄기에 앉아 무리를 짓고 살며, 하루살이, 모기 등을 잡아먹고 성숙해진다. 성숙해지면서 암·수컷의 몸 색상은 달라진다. 수컷은 몸 전체가 선명한 적색으로 변하여 혼인색을 띠게 되며, 날개는 밑부분만이 적색으로 변하고 나머지 부분은 투명해진다. 반면에 암컷은 회색이 증가하여 미등색이 되고, 등색의 날개 빛깔도 약간 퇴색된다.

생 태 성숙한 암수는 공중에서 수 초 만에 교미를 끝낸 후 교미한 수컷의 세력권 내에서 암컷이 수면을 치며 타수 산란을 하는데, 이 암컷은 또 다른 수컷의 세력권으로 옮겨 가며 여러 번에 걸쳐 교미와 산란을 반복하는 짝짓기 습성이 있다. 유충은 늪, 방죽 등의 수생 식물이 무성한 곳에 살며, 녹갈색 바탕에 흑색 점무늬가 있고, 배의 제 8, 9마디의 옆가시는 작고 날개싹에 무늬가 없는 것이 특징이다.

우화형 도수형
출현기 5~11월(1년에 2번 발생)
성 충 배 길이 28~32mm, 뒷날개 길이 33~36mm
유 충 몸 길이 17~20mm, 머리 너비 7mm
분 포 한반도 평안도와 강원도 일부, 함경도를 제외한 전역, 제주도, 중국, 타이완, 미얀마, 인도, 아프가니스탄, 중동, 일본 등

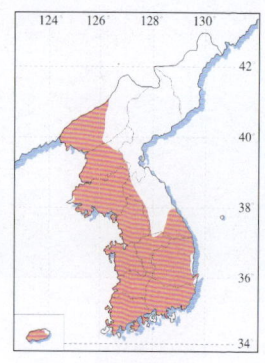

잠자리과

미성숙 ♂ 봄형 1993. 5. 14. 경남 우포늪

성숙 ♂ 여름형 1993. 9. 4. 경남 우포늪

잠자리과

산란 우 1994. 6. 21. 경기 양수리

영역 순찰 ♂ 1994. 6. 21. 경기 양수리

63. 꼬마잠자리

Nannophya pygmaea Rambur

꼬마잠자리속

특 징 미성숙일 때의 수컷은 몸 전체가 등황색 바탕에 배의 각 마디에 미색의 띠무늬가 아로새겨져 있는데, 성숙해지면서 등황색은 차츰 적색으로 변하다가 완전히 성숙하면 몸 전체가 온통 적색이 된다. 암컷은 배 제 2~6마디 사이에 미색의 띠무늬와 담갈색과 흑색의 가로줄 띠무늬가 있어 마치 색동 저고리의 색처럼 알록달록하게 보이며, 제 7~10마디에는 가는 미색 띠무늬가 있고 그 밖에는 거의 흑색이다. 암수 모두 날개는 투명하고, 각 날개 밑부분의 삼각실 바깥까지는 등적색이다. 암컷의 뒷날개는 등적색을 띠고 있는데, 이 등적색은 결절 부근까지 넓은 면적을 차지하고 있어 수컷과 구별된다. 우리 나라에 살고 있는 잠자리 중에서 가장 작기 때문에 꼬마잠자리라는 한국명이 유래되었다.

생 태 미성숙 개체는 우화 후 15~20일이 지나면 성숙해진다. 오후 1~3시경 낮 기온이 최고에 이르면 모두가 풀줄기 끝에서 물구나무서듯 배를 하늘 높이 쳐드는 집단적인 행동을 하는 것을 볼 수 있는데, 이는 몸에 닿는 햇볕의 면적을 최대한으로 줄여 체온을 조절하는 행위이다. 교미 후 암컷은 혼자서 늪지대, 농수로, 휴경 물논을 돌아다니며 타수 산란을 한다.

우화형 도수형
출현기 6월 중순~8월
성 충 배 길이 11~13mm, 뒷날개 길이 13~15mm
유 충 몸 길이 8~9mm, 머리 너비 3mm
분 포 한반도 37°선 이남의 중남부, 일본, 타이완, 중국 중남부, 네팔, 필리핀, 보르네오섬, 셀레베스섬 등

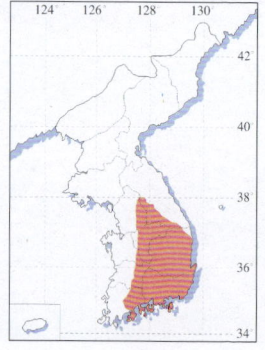

잠자리과

성숙 ♀ 1993. 7. 10. 경남 가지산(이범호)

성숙 ♂ 1993. 7. 10. 경남 가지산(이범호)

64. 밀잠자리붙이

Deielia phaon Selys

밀잠자리붙이속

특 징 미성숙일 때의 몸 색상이 흑갈색 바탕에 황색 무늬가 선명하여 밀잠자리와는 쉽게 구분된다. 회갈색의 등가슴 앞쪽에 2줄의 황색 줄무늬가 있고 옆가슴에는 불규칙한 회갈색과 황색 무늬가 복잡하게 얽혀 있다. 성숙해지면 수컷은 몸 전체가 회청색으로 변하고 가슴과 배는 백색 가루분이 덮인다. 암컷 역시 회청색이 되나 옆가슴과 배 일부에 약간의 황색 줄무늬는 남아 있다. 날개의 시맥은 흑색이고 날개는 무색 투명하여 진주 빛깔의 광택이 나는데, 암컷은 수컷과 같은 색상을 띠는 동색형과 날개의 기부 주위의 부근에 선명한 적갈색을 띠고 가두리무늬 안쪽에 넓은 적갈색 띠무늬가 있는 이색형이 있다. 이 이색형을 속칭 '날개띠잠자리' 라고 하며, 60년 전까지만 해도 별종으로 여겨 '예쁜밀잠자리' 라고 부른 적이 있다.

생 태 성숙한 수컷은 영역을 확보하고 세력권을 형성하나, 워낙 개체 수가 많아 세력권이 사방 1m도 안 된다. 교미는 수면 위에서 수 초 만에 끝나고 암컷은 타수 산란을 하는데, 수컷이 옆에서 산란 경호를 한다. 유충은 옅은 적갈색 바탕에 짙은 갈색 반점이 복잡하게 나 있다.

우화형 도수형
출현기 5~9월
성 충 배 길이 25~30mm, 뒷날개 길이 30~35mm
유 충 몸 길이 21~24mm, 머리 너비 6mm
분 포 한반도 중·남부, 제주도, 서해안 일부 부속섬, 타이완, 일본 등

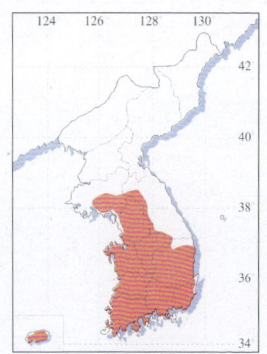

미성숙 ♂ 1993. 5. 30. 전남 영암

미성숙 ♀ 이색형 1993. 5. 14. 경남 우포늪

잠자리과

잠자리과

반성숙 ♂ 1993. 6. 6. 충북 초평지

성숙 ♂ 1992. 8. 8. 경기 물왕지

산란 우 1996. 8. 3. 경기 백운지

잠자리과

65. 노란띠좀잠자리

Sympetrum pedemontanum Allioni   좀잠자리속

특 징 미성숙일 때에는 암수 모두 몸 색상이 옅은 주황색을 띠고 있다. 성숙해져도 암컷은 주황색이 약간 짙어질뿐 몸 색상은 그다지 변하지 않는다. 그러나 수컷은 성숙해지면 몸 전체가 빨강 물감을 칠해 놓은 것처럼 적색으로 변한다. 암컷의 배 제 8, 9마디에는 흑색 무늬가 있으나 수컷은 없다. 날개맥과 가두리무늬는 밝은 갈색과 적색의 두 가지가 있다. 날개의 가두리무늬 부근과 안쪽에 너비가 넓은 갈색 띠무늬가 있는 것이 특징이다. 갈색 띠무늬도 너비가 좁고 넓은 것 등 산지별로 개체 변이가 심하게 나타나 날개의 띠무늬 때문에 '날개띠좀잠자리'라고도 부른다.

생 태 우화는 야간에 물가 식물의 잎 뒤나 줄기에서 도수형으로 탈피한다. 성숙한 수컷은 영역이나 텃세권에 집착하지는 않지만 다른 수컷이 접근하면 배와 날개를 높이 쳐드는 위협적인 자세로 경고의 메시지를 보낸다. 대개 주변의 암컷과 교미한 후 서로 연결한 채로 수면을 연속적으로 치면서 타수 산란을 한다. 유충은 옅은 갈색 바탕에 짙은 갈색 반점이 복잡하게 찍혀 있으며, 산지의 물웅덩이나 농수로 등의 부드러운 진흙 속에 숨어 산다.

우화형 도수형
출현기 6~12월
성 충 배 길이 23~27mm, 뒷날개 길이 25~30mm
유 충 몸 길이 14~16mm, 머리 너비 5mm
분 포 한반도 전역, 중국 동·북부, 아무르, 우수리, 중앙 아시아, 시베리아, 유럽, 일본

| 1 | 2 | 3 | 4 | 5 | 6 | 7 | 8 | 9 | 10 | 11 | 12 |

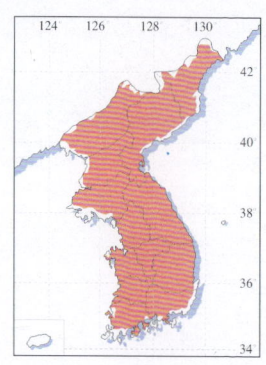

잠자리과

성숙 ♂ 1993. 9. 10. 경기 명지산   미성숙 ♂ 1992. 7. 20. 경기 원미산

성숙 ♀ 1993. 9. 20. 경기 원미산

66. 고추좀잠자리

Sympetrum depressiusculum Selys   좀잠자리속

특 징 미성숙일 때에는 몸 전체가 등황색으로 옆가슴에 뚜렷한 3줄의 흑색 줄무늬가 있는데, 가운데 흑색 줄무늬는 길이가 짧다. 배 제 4~7마디의 옆면에 흑색 줄무늬가 일정한 간격으로 띄엄띄엄 선상으로 발달되어 있고, 제 8, 9마디에 흑색 무늬가 있다. 머리는 적색에 가깝고 겹눈은 적갈색이며 나머지 부분은 등황색이다. 성숙해지면 수컷은 가슴과 머리가 적갈색으로, 배는 적색으로 변하는데, 옆가슴의 흑색 무늬는 일부가 없어지고 배마디의 흑색 무늬는 뚜렷해진다. 암컷은 미성숙일 때보다 몸 전체가 짙은 황갈색으로 변하고 흑색 무늬는 더욱 선명해진다.

생 태 미성숙 개체는 기온이 연일 27~30℃ 가까이 오르내리는 찌는 듯한 여름에 자신의 체온 유지를 위해서 고도가 높은 서늘한 산 속으로 피서를 간다. 남부 지방에서는 6월 중순과 하순, 중부 지방에서는 7월 초순과 중순경에 전국적으로 어느 산을 막론하고 수천 마리의 고추좀잠자리가 대규모의 집단을 형성하고 있다. 가을이 되면 암컷은 농수로, 늪지, 물논 등에 약 700~1000개의 알을 낳으며, 알은 이듬해 4~5월에 깨어난다. 유충은 갈색 바탕에 배마디 등면에 복잡한 흑색 반점이 찍혀 있다.

우화형 도수형
출현기 6월 초순~11월 하순
성 충 배 길이 24~30mm, 뒷날개 길이 26~34mm
유 충 몸 길이 17~19mm, 머리 너비 8mm
분 포 한반도 전역, 제주도, 유라시아 대륙 중·북부, 일본 홋카이도 등

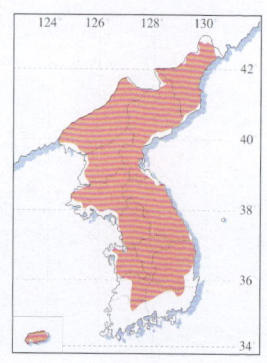

잠자리과

성숙 ♂ 측면 1993. 10. 22. 강원 설악산

잠자리과

미성숙 ♀ 1993. 6. 18. 충남 공주

미성숙 ♂ 1993. 7. 3. 강원 양구

잠자리과

영역 설정 ♂ 1993. 8. 29. 경기 양수리   안면 1993. 10. 23. 강원 공작산

67. 여름좀잠자리

Sympetrum darwinianum Selys — 좀잠자리속

특 징 미성숙 개체는 몸 전체가 황갈색으로 옆가슴에 3개의 흑색 줄이 있어 고추좀잠자리와 매우 닮았으나 몸 크기가 한결 작다. 완전히 성숙하면 수컷은 머리와 가슴, 배가 적색으로 바뀌어 빛나는 혼인색을 띠게 되는데, 겹눈은 오황색, 등가슴은 적색으로 변한다. 배마디도 적화하여 반성숙 상태에서도 혼인색을 띠기 시작한다. 다른 좀잠자리속에서 볼 수 있는 텃세권 행사가 없는 대신 햇볕을 받아 몸을 더욱 적색으로 돋보이게 하려는 시각적 과시에만 열중한다. 암컷도 배마디 등면이 적색으로 변하는 경향이 많고, 날개는 투명한데 가두리무늬는 흑갈색을 띠고 있다.

생 태 교미 후 암수는 연결한 채로 날아다니며 저수지, 휴경 물논, 농수로 등의 물가에서 정지 비행을 하면서 공중에서 연속적으로 알을 흩어뿌리는 타공 산란을 한다. 유충은 엷은 갈색 바탕에 짙은 갈색 반점이 복잡하게 찍혀 있으며, 날개싹은 제 6마디 가까이에 있다.

우화형 도수형
출현기 7월 초순~11월 초순
성 충 배 길이 23~26mm, 뒷날개 길이 26~30mm
유 충 몸 길이 14~16mm, 머리 너비 6mm
분 포 한반도 강원도 일부와 함경도를 제외한 전역, 중국 중부, 타이완, 일본 등

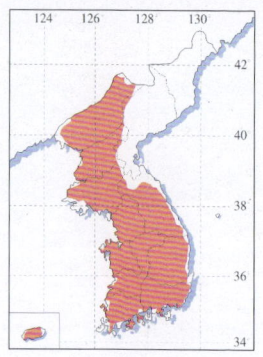

잠자리과

미성숙 ♂ 1992. 8. 9. 경기 현리

반성숙 ♂ 1992. 8. 9. 경기 현리

성숙 ♂ 1992. 9. 29. 고흥 팔영산

68. 대륙좀잠자리

Sympetrum striolatum Charpentier   좀잠자리속

특 징   미성숙 개체는 가슴과 배의 등면이 황갈색을 띠며, 옆가슴은 밝은 주황색이고, 제 1, 2측봉선의 흑색 줄무늬는 가늘다. 머리와 가슴, 배의 몸 색상이 미성숙한 고추좀잠자리와 비슷하나 날개에서 현격한 차이가 난다. 날개는 암수 모두 미성숙일 때에는 전체가 옅은 황색이며, 날개 밑부분과 앞가두리를 따라 짙은 황색을 띠게 되는데, 성숙한 수컷은 앞가두리 부근만 황색을 띤다. 성숙한 수컷은 배마디 등면이 약간 옅은 적색을 띠게 되지만 암컷은 짙은 갈색을 띠고, 배의 밑부분에 백색 가루분이 나타난다.

생 태   우화한 미성숙 개체는 늪이나 하천변의 우화 수역 부근에서 며칠 동안 머물다가 완전히 자취를 감추는데, 고추좀잠자리와 같은 이동 과정을 겪는 것으로 짐작된다. 교미는 나뭇잎이나 풀잎에 앉아서 약 2~3시간 동안 하고, 연결한 채로 물가의 적당한 장소에서 타수 산란을 한다. 유충은 옅은 갈색 바탕에 선명치 못한 짙은 갈색 반점이 복잡하게 나 있다.

우화형   도수형
출현기   8월 초순~12월 중순
성 충   배 길이 27~30mm, 뒷날개 길이 28~33mm
유 충   몸 길이 16~18mm, 머리 너비 6mm
분 포   한반도 전역, 동북 아시아로부터 북아프리카의 일부를 포함한 유럽

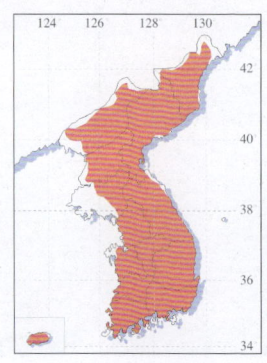

잠자리과

미성숙 ♂ 1993. 8. 7. 경기 소요산

반성숙 ♂ 1995. 8. 20. 강원 건봉산

성숙 ♂ 1997. 10. 20. 제주 용흥리

69. 흰얼굴좀잠자리

Sympetrum kunckeli Selys / 좀잠자리속

특 징 미성숙 개체는 얼굴이 우윳빛인 유백색을 띠고 있으며, 옆가슴에는 밝은 황색 바탕에 짧은 흑색 줄무늬가 불규칙하게 나열되어 있다. 성숙해지면 수컷의 얼굴은 푸른빛이 감도는 청백색, 가슴은 짙은 갈색, 배는 선명한 적색으로 변한다. 그에 비해 암컷의 얼굴은 담황색으로 변하고, 가슴과 배는 등갈색을 띠는데, 각 마디에 선상으로 짧은 흑색 줄무늬가 나열되어 있다. 날개는 투명하고, 날개의 시맥은 갈색, 가두리무늬는 적갈색이다.

생 태 우화를 마친 미성숙 개체는 우화 수역 부근의 풀숲이나 인근 산 속으로 이동하여 나무 그늘이나 벼과 식물 주변의 어두운 풀숲에서 생활하며 성숙해 간다. 성숙한 수컷은 물가로 돌아와 일정 구역을 텃세권으로 삼고, 가까이의 암컷과 약 2~3시간 동안 교미를 한다. 교미가 끝나면 암수는 연결한 채로 정수 식물이 무성한 얕은 물가를 돌아다니면서 적당한 산란 장소를 발견하면 교미 자세를 잠시 풀고 암컷이 연속적으로 배로 물 위를 치며 산란한다. 유충은 짙은 갈색 바탕에 옅은 갈색 반점이 복잡하게 찍혀 있고, 배 끝의 부속기(교미 부속기)는 대체로 짧은 편이다. 대개 수심이 얕은 곳의 진흙 위나 식물의 뿌리 옆에서 산다.

우화형 도수형
출현기 6월 중순~11월
성 충 배 길이 20~24mm, 뒷날개 길이 22~26mm
유 충 몸 길이 14~15mm, 머리 너비 4.5mm
분 포 한반도 전역, 중국 동·북부, 우수리, 일본 등

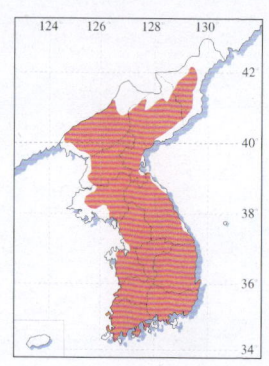

잠자리과

미성숙 ♂ 1994. 7. 31. 경남 재약산

반성숙 ♂ 1993. 8. 6. 경기 천마산

성숙 ♂ 1992. 8. 20. 경기 임진강

70. 두점박이좀잠자리

Sympetrum eroticum Selys   좀잠자리속

특 징 이름처럼 얼굴의 이마에 1쌍의 눈썹 같은 조그만 흑색 점무늬가 있는 귀여운 잠자리이다. 미성숙일 때에는 암·수컷 모두 몸 전체가 등황색을 띠고 있다. 수컷의 날개는 투명하고 무늬가 없다. 암컷은 날개 끝에 흑갈색 무늬가 있는 것과 없는 것의 두 가지 형이 있으며, 성숙하면 배가 등갈색을 띠는 것과 수컷처럼 적색으로 변하는 두 가지 형이 있어 모두 네 가지 형이 보인다(보통 중·북부 산악 지역에서는 적색형에 깃동형 날개, 평지와 남부 지방산은 갈색형에 날개가 투명한 개체가 많다.). 수컷은 뜨거운 여름 태양의 직사 광선을 받으면서 서서히 가슴은 적갈색으로, 배는 적색으로 변한다.

생 태 잠자리가 교미할 때에는 사람이 가까이 다가가도 교미 자세(하트형)를 풀지 않고 장소를 옮겨 다니면서 장시간 교미를 한다. 교미 후에도 암수는 교미 자세를 풀지 않고 있다가 적당한 산란 장소를 발견하고서야 자세를 푼다. 개체 수가 많고 흔한 종류일수록, 특히 수컷의 개체 밀도가 높은 곳에 살고 있는 잠자리일수록 교미 자세로 날아다니면서 다른 수컷에게 암컷을 새치기당하지 않기 위해 조심한다. 유충은 저수지, 연못, 늪, 농수로 등에 살며, 담갈색 바탕에 짙은 갈색 반점이 복잡하게 찍혀 있다.

우화형 도수형
출현기 6월 초순~12월
성 충 배 길이 25~29mm, 뒷날개 길이 25~30mm
유 충 몸 길이 14~16mm, 머리 너비 5mm
분 포 한반도 전역, 제주도, 일본, 타이완, 중국, 우수리 등

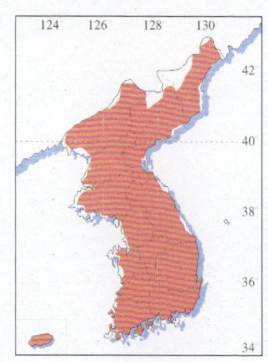

잠자리과

미성숙 ♀ 1992. 8. 16. 강원 화천

미성숙 ♂ 1993. 6. 19. 부여 송정지

반성숙 ♂ 1993. 7. 24. 경기 원미산

잠자리과

성숙 ♂ 1992. 9. 5. 전남 월출산

성숙 ♂ 안면 1993. 10. 3. 경기 원미산

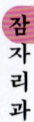

성숙 우 1993. 9. 19. 전남 지리산

71. 어리두점박이좀잠자리(신칭)

Sympetrum ignotum Needham   좀잠자리속

특 징 미성숙일 때에는 암·수컷 모두 몸 전체가 등황색으로, 앞가슴에는 흑색 바탕에 선명한 2줄의 황색 줄무늬가 있다. 애기좀잠자리는 황색 줄무늬가 상단이 넓게 벌어진 八자 모양인데 비해 어리두점박이좀잠자리는 황색 줄무늬가 거의 평행선상으로 나 있는 것이 특징이다. 배 밑과 옆은 마디마디 사이에 선명한 반원형의 흑색 무늬가 줄지어 있다. 얼굴은 황백색으로 이마에 흑색 점이 1쌍 있다. 특히 암컷은 두점박이좀잠자리의 암컷처럼 날개 전체가 투명한 것과 날개의 끝 부분에 흑갈색 무늬가 있는 깃동형의 두 가지가 있다. 우리 나라의 좀잠자리속 중에서는 가장 작고, 날아다니는 모습도 활발하지 못하다. 성숙하면 수컷은 겹눈과 가슴이 적갈색으로, 배 마디는 마치 가을의 단풍잎처럼 생동감이 넘치는 적색으로 변한다. 암컷은 미성숙일 때와 큰 차이는 없으나 짙은 갈색이 몸 전체에 스며든 것처럼 보인다.

생 태 10월과 11월 중에 교미한 후 암컷은 혼자서 농수로, 물웅덩이 등의 수면 위에 낮게 떠서 정지 비행을 하면서 몸을 수직으로 세워 배를 진흙 속에 푹 찔러 넣어 연속으로 산란한다. 유충은 갈색 바탕에 녹갈색 반점 무늬가 산재해 있고, 좀잠자리속 유충 중에서는 가장 작다.

출현기 7월 하순~12월
성 충 배 길이 12~14mm, 뒷날개 길이 14~16mm
유 충 몸 길이 9~10mm, 머리 너비 3.5mm 내외
분 포 한반도 중·북부, 중국 동·북부, 만주, 우수리, 아무르 등

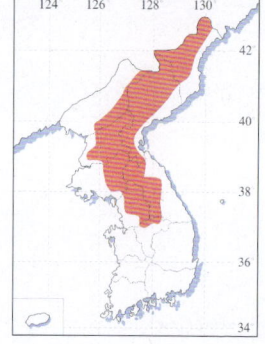

미성숙 ♂ 1993. 8. 6. 경기 천마산

미성숙 ♀ 깃동형 1993. 8. 6. 경기 천마산

72. 애기좀잠자리

Sympetrum parvulum Bartenef   좀잠자리속

특 징 미성숙일 때에는 암·수컷 모두 몸 전체가 밝은 황색을 하고 있다. 앞가슴에 삼각형 모양의 흑색 줄무늬가 있고, 그 사이에 八자 모양의 황색 줄무늬가 뚜렷하게 있다. 배와 각 마디의 옆면에 짙은 흑색 무늬가 있으며, 얼굴은 담황색이다. 날개는 투명한데 날개맥이 흑갈색이다. 몸 색상은 두점박이좀잠자리와 비슷하지만 몸 크기가 두점박이좀잠자리에 비해 작고 날개 밑부분이 약간 갈색을 띠고 있는 점으로 구별이 된다. 성숙해지면 수컷은 겹눈이 약간 백색으로 변하고 배마디 전체가 적색으로 변한다. 옆가슴이 미성숙일 때와 같이 밝은 황색을 띠어 성숙하면 옆가슴이 적갈색으로 변하는 두점박이좀잠자리와 구별이 쉽다. 암컷은 대체로 배마디가 등갈색을 띠나 드물게 수컷처럼 적색으로 변하는 개체도 발견된다.

생 태 약 30분간의 교미가 끝난 후 암컷은 혼자 공중에서 정지 비행을 하면서 몸을 곧바로 세운 자세로 진흙 속에 산란관을 찔러 넣어 '삽니 산란'이라는 것을 하는데, 이를 위해 암컷은 물가의 풀줄기를 꽉 잡은 채 짧은 시간 내에 산란관을 진흙 속에 삽입하는 경우도 관찰된다. 유충은 농수로, 물논, 물웅덩이에 살며, 갈색 바탕에 짙은 갈색 반점이 복잡하게 찍혀 있다.

우화형 도수형
출현기 7월 초순~11월
성 충 배 길이 19~22mm, 뒷날개 길이 23~26mm
유 충 몸 길이 11~12mm, 머리 너비 4mm
분 포 한반도 중·북부, 중국 동·북부, 우수리, 일본 등

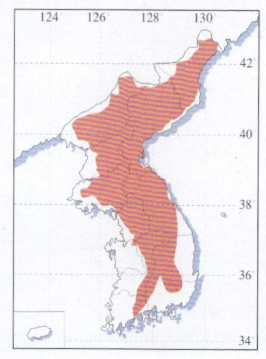

잠자리과

미성숙 ♀ 1992. 8. 20. 경기 임진강

반성숙 ♂ 1992. 8. 29. 경기 천마산

성숙 ♂ 1992. 9. 5. 전남 영암

73. 붉은좀잠자리

Sympetrum flaveolum Linnaeus   　좀잠자리속

특 징 미성숙일 때에는 몸 전체가 밝은 황색을 띠며, 특히 날개의 밑부분에 넓고 선명한 황색 무늬가 있다. 날개는 투명한데, 수컷은 날개의 밑부분으로부터 삼각실에 이르는 부분까지, 암컷은 날개의 밑부분과 앞날개의 결절 부분이 황색이다. 얼굴은 황색, 등가슴 전체가 옅은 황갈색이며, 옆가슴은 황색 바탕에 불규칙하고 미세한 가는 흑색 줄무늬가 있는데 제 1측봉선의 흑색 줄무늬는 중간에 끊어져 상단에 이르지 못하고 제 2측봉선의 흑색 줄무늬는 상단과 연결되어 있다. 수컷의 배마디 등면은 옅은 황색이며 배 제 5~10마디는 옅은 흑색인데, 암컷의 배마디는 중앙선을 따라 흑색이고 그 옆면은 회색을 띠고 있다. 다리 마디의 안쪽과 종아리마디의 바깥쪽에 가느다란 황색 무늬가 있다. 미성숙일 때에는 노란잠자리와 매우 비슷하나 약 15~20일이 지나서 성숙해지면 수컷은 적색으로 변한다.

생 태 교미한 암수는 연결한 채로 산지 하천의 중·상류 늪지대 위에 낮게 떠서, 마치 전투기가 기총 소사를 하듯 공중에서 알을 연속적으로 흩어뿌린다. 알 상태로 월동하는데, 이듬해 봄에 난화하여 다 자란 유충은 배에 선명한 무늬가 있다.

우화형 도수형
출현기 8월 초순~10월 초순
성 충 배 길이 23~25mm, 뒷날개 길이 27~28mm
유 충 몸 길이 14~16mm, 머리 너비 5mm
분 포 한반도 중·북부, 중국 동·북부, 우수리, 아무르, 사할린, 캄차카 반도, 시베리아, 유럽, 일본 홋카이도 등

| 1 | 2 | 3 | 4 | 5 | 6 | 7 | 8 | 9 | 10 | 11 | 12 |

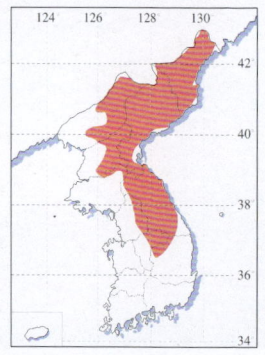

잠자리과

미성숙 ♂ 측면 1993. 8. 1. 강원 쌍용

미성숙 ♂ 등면 1993. 8. 1. 강원 쌍용

74. 대마도좀잠자리

Sympetrum cordulegaster Selys   좀잠자리속

특 징 좀잠자리속 중에서는 몸 크기가 작은 편이며, 애기좀잠자리와 생김새가 비슷하다. 미성숙일 때에는 몸 전체가 등황색이며 얼굴은 유백색이고 등가슴은 황갈색인데, 잔털이 빈틈없이 빽빽이 나 있다. 옆가슴에는 황색 바탕에 가는 흑색 줄무늬가 있는데, 제 1측봉선의 흑색 줄무늬는 짧고 제 2측봉선의 것은 길어 선단(앞쪽의 끝)에 이른다. 배마디 옆면에 흑색 반점이 있고, 특히 수컷의 배 제 7마디의 끝은 문설주처럼 돌출되어 있다. 암컷의 산란관은 길고 뾰족하여 배 끝으로 내밀어져 있다. 성숙한 수컷은 날개가 투명한데, 등가슴과 연결된 날개 근육의 기부(基部)와 배마디는 적색이고 가슴은 적갈색이다.

생 태 물가로 돌아온 성숙한 수컷은 마른 풀줄기나 가느다란 나뭇가지 끝에 앉아 영역을 확보한다. 날개를 살짝 밑으로 내리고 앉아 날개 근육 부근에 있는 4개의 적색 반점을 돋보이게 하며, 약 1~2m 간격으로 옹기종기 모여 앉아 암컷을 기다린다. 교미 후 연결한 채로 또는 암컷 혼자서 농수로, 물웅덩이 등의 물가를 날며 수심이 얕은 곳의 부드러운 진흙 속을 배로 밀고 나가듯이 끌며 산란한다. 유충은 갈색 바탕에 미세한 흑색 반점이 배마디에 줄지어 있고 제 8, 9마디에 옆가시가 있다.

우화형 도수형
출현기 7월 초순~11월
성 충 배 길이 22~24mm, 뒷날개 길이 24~28mm
유 충 몸 길이 15~17mm, 머리 너비 5mm 내외
분 포 한반도 전역, 중국 동·북부, 우수리, 아무르, 일본 등

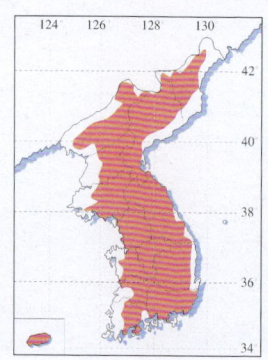

미성숙 ♂ 1993. 8. 6. 경기 천마산

미성숙 우 깃동형 1996. 8. 11. 제주 검은오름

잠자리과

잠자리과

성숙 ♂ 1993. 10. 16. 경기 수리산

성숙 ♀ 1993. 10. 16. 경기 수리산

잠자리과

산란 우 1996. 10. 29. 전북 내장산

75. 만주좀잠자리

Sympetrum vulgatum Linnaeus — 좀잠자리속

특 징 성숙한 수컷은 전체적으로 적색이다. 등가슴과 옆가슴에 너비가 넓은 2개의 황색 무늬가 있고, 그 중간에 선명한 적색 줄무늬가 비스듬히 1줄 있다. 배마디 등면은 적색인데, 배마디 밑부분은 흑색이다. 날개는 투명하며, 앞가두리방과 버금앞가두리방을 따라 감색을 띤다. 날개맥도 감색이며 가두리무늬는 적갈색이다. 암컷은 전체적으로 갈색을 띠고 있다.

생 태 산기슭과 능선의 나뭇가지 끝에 앉아 일광욕을 하고 있는 미성숙 개체는 완전히 성숙하면 습지의 물웅덩이, 방죽 등으로 내려온다. 수컷은 물가의 나뭇가지나 풀줄기 끝에 앉아 세력권을 확보하고 암컷을 기다린다. 교미를 끝낸 암컷은 혼자서 정수 식물이 무성한 곳에서 타수 산란을 한다.

출현기 7월 하순~9월 초순
성 충 배 길이 24~28mm, 뒷날개 길이 26~28mm
분 포 한반도 중·북부, 사할린, 만주, 우수리, 유럽 등

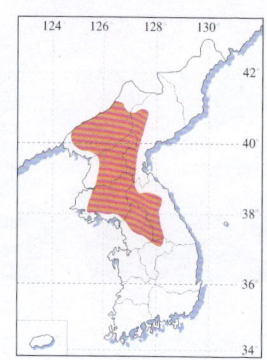

잠자리과

미성숙 ♂ 1993. 8. 14. 경기 소요산

76. 깃동잠자리

Sympetrum infuscatum Selys — 좀잠자리속

특 징 미성숙일 때는 몸 색상이 등황색 바탕에 흑색 무늬가 선명한데, 특히 배마디 양쪽에 굵은 흑색의 아롱진 무늬가 뚜렷하다. 옆가슴에는 굵은 흑색 줄무늬가 3줄 있는데, 제 1측봉선에 있는 흑색 줄무늬는 완전히 가슴 끝까지 이르고 있는 것이 특징이다. 성숙하면 수컷은 몸 전체가 적갈색으로 변해 배마디의 얼룩얼룩한 흑색 무늬가 선명하지 못하다. 암컷은 몸 전체가 등황색이며, 배마디의 흑색 무늬가 뚜렷하고 선명하며, 배 밑부분에 백색 가루분이 나타나서 회색을 띤다.

생 태 미성숙 개체는 우화 수역에서 야산 구릉지나 높은 산기슭으로 이동한다. 보통 마을 뒷산의 과수원, 경작지 주변의 울타리 끝에 앉아 있는 것을 쉽게 볼 수 있고, 개체 수도 상당히 많다. 잠자리가 가지 끝에 앉아 있을 때, 수평 상태에서 배 끝이 올라가 있으면 덥다는 표시이고, 배 끝이 내려가 있으면 춥다는 표시이다. 또 수컷은 가지 끝에 앉아서 주위를 살피다가 침입자나 먹이가 나타났을 때에는 기세 좋게 솟구쳐 날아올랐다가 다시 원위치로 돌아오는 행동을 보여 준다. 교미가 끝난 암수는 연결한 채로 저수지, 방죽, 농수로 위를 날며 공중에서 폭격기가 폭탄을 투하하듯 타공 산란을 한다. 유충은 녹갈색 바탕에 짙은 갈색 반점이 복잡하게 나 있다.

우화형 도수형
출현기 6월 초순~11월
성 충 배 길이 25~30mm, 뒷날개 길이 27~36mm
유 충 몸 길이 18~20mm, 머리 너비 6mm
분 포 한반도 전역, 제주도, 중국 중부에서 동북부, 우수리, 일본 등

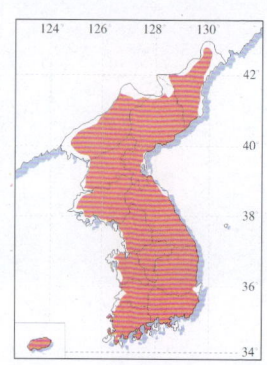

잠자리과

미성숙 ♀ 1993. 6. 19. 충남 북면지

반성숙 ♂ 1993. 8. 14. 경기 연천

잠자리과

성숙 ♂ 1993. 9. 19. 전남 지리산

영역 설정 ♂ 1994. 7. 12. 강원 백담사

잠자리과

교미 1994. 10. 15. 경기 칠보산

77. 깃동잠자리붙이

Sympetrum baccha Mclachlan 　좀잠자리속

특 징 미성숙 개체는 몸 색상이 황갈색 바탕에 옆가슴과 배마디에 흑색의 반점 무늬가 선명하다. 옆가슴에 있는 3개의 흑색 줄무늬는 제 1측봉선의 줄무늬가 도중에 뒤로 꺾여 제 2측봉선의 줄무늬와 합류하여 깃동잠자리와 다르다. 날개는 투명하고, 날개 끝에 흑갈색 무늬가 있다. 수컷은 성숙해 가며 몸 색상이 차차 적화하여 머리, 가슴, 배 모두가 적색으로 변한다. 날개 끝에 흑갈색 무늬가 있는 깃동잠자리류 중에서 가장 선명한 적색을 띠고 있다. 성숙한 암컷은 적색으로 변하지 않으나 얼굴에 1쌍의 눈썹 모양의 흑색 무늬가 있다.

생 태 산으로 이동했던 미성숙 개체는 성숙해져 10월 초순경부터 물가로 돌아와서 짝을 찾는다. 잠자리의 짝짓기 행동은 암·수컷 사이에 일종의 협동과 분업으로 이루어진다. 즉 수컷은 꼬리 부속기로 암컷의 머리 뒤쪽을 잡고 암컷은 배를 구부려 제 9마디의 생식문을 수컷의 제 2, 3마디에 있는 제 2성기에 가져 대어야만 교미가 이루어지는 것이다. 만약 암컷이 협력하지 않으면 하트형 교미 자세가 될 수 없으며, 이 때 수컷은 뒷다리의 종아리마디로 암컷의 배 끝을 강타하거나 암컷의 생식문을 끌어당겨서 협력하도록 자극을 주는 배우 행동을 한다.

출현기 7월 초순~12월
성 충 배 길이 24~28mm, 뒷날개 길이 29~33mm
유 충 몸 길이 16~18mm, 머리 너비 5mm 내외
분 포 한반도 전역, 중국, 타이완, 일본 등

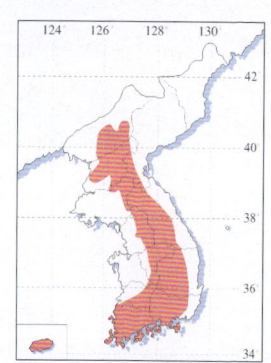

| 1 | 2 | 3 | 4 | 5 | 6 | 7 | 8 | 9 | 10 | 11 | 12 |

잠자리과

성숙 ♂ 등면 1997. 10. 26. 전남 고흥

성숙 ♂ 측면 1997. 10. 26. 전남 고흥

78. 들깃동잠자리(신칭)

Sympetrum risi Bartenef   좀잠자리속

특 징 미성숙 개체는 깃동잠자리와 닮았으나, 옆가슴의 제 1측봉선에 있는 흑색 줄무늬가 밑에서 3/4 정도의 위치에서 끊어져 있다. 성숙한 수컷은 배마디만 적화하는데, 이것으로 인해 날개에 깃무늬가 있는 두점박이좀잠자리의 암컷과 혼동하는 경우가 많다.

생 태 숲 속에 둘러싸인 연못이나 방죽에서 우화한 미성숙 개체는 이동하지 않고 주변의 나뭇가지에서 생활하며 성숙한다. 성숙한 수컷은 물가의 나뭇가지에 앉아 세력권을 확보하고 암컷을 기다린다. 교미를 끝낸 암수는 연결한 채로 날아다니다가 정수 식물이 무성한 물가의 상공에서 알을 흩어 뿌린다.

출현기 6월 하순~11월
성 충 배 길이 25~30mm, 뒷날개 길이 26~33mm
유 충 몸 길이 18~20mm, 머리 너비 6mm
분 포 한반도 전역, 제주도, 중국 중부, 만주, 아무르, 일본 등

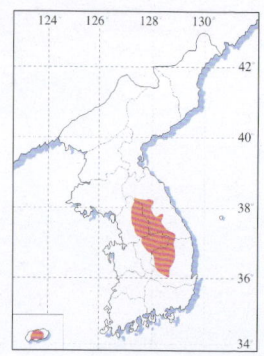

1 2 3 4 5 6 7 8 9 10 11 12

성숙 ♂ 1992. 9. 9. 강원 공작산

잠자리과

79. 진노란잠자리

Sympetrum uniforme Selys — 좀잠자리속

특 징 몸 전체가 선명한 등황색을 띠고 있으며, 가슴과 배 어디를 살펴보아도 별다른 무늬가 없다. 우리 나라의 좀잠자리속 중에서는 가장 몸집이 크고 말쑥한 생김새가 돋보이는 잠자리이다. 마치 황색 색소를 뿜어 낸 듯한 고운 날개는 햇볕을 받아 찬란한 황금색으로 반짝이고, 자신의 몸 색상이 황색인 것을 아는 듯이 황색에 민감하게 반응하여 마른 가지 끝이나 마른 풀줄기, 시골 마당의 빨랫줄 같은 사물을 이용한다. 성숙해지면서 머리와 가슴, 배는 옅은 녹색으로 변하고, 날개는 차츰 주황색을 띠게 된다.

생 태 늦가을에 인근 숲 속에서 활동하던 수컷들은 물가로 돌아와 세력권을 행사하고, 교미가 끝나면 암수가 연결한 채로 정수 식물이 무성한 물가에서 정지 비행을 하면서 타수 산란을 한다. 가끔 암컷 혼자 삽니 산란을 하는 경우도 있다. 유충은 숲 속의 작은 연못, 방죽에 살고, 갈색 바탕에 짙은 갈색 반점이 복잡하게 나 있다.

출현기 7월 초순~11월
성 충 배 길이 30~36mm, 뒷날개 길이 33~39mm
유 충 몸 길이 22~25mm, 머리 너비 7mm 내외
분 포 한반도 평안도 일부와 함경도를 제외한 전역, 중국 동·북부, 일본 등

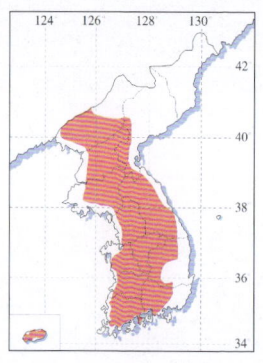

잠자리과

반성숙 ♂ 1997. 10. 12. 강화도

성숙 ♂ 안면 1997. 10. 12. 강화도

잠자리과

성숙 ♀ 측면 1997. 10. 12. 강화도

잠자리과

성숙 우 등면 1997. 10. 12. 강화도

80. 노란잠자리

Symptetrum croceolum Selys   좀잠자리속

특 징 미성숙 개체는 몸 전체가 등황색을 띠고 있다. 특히 날개의 밑부분과 결절 부분까지 전체가 선명한 황색이고, 이 황색은 날개의 중간 부분부터 서서히 좁아져 마침내 날개 끝의 앞쪽만이 선명한 황색을 띤다. 나머지 날개 부분은 황색이 차츰 옅어져서 투명한 유백색이다. 한편, 날개 속에 있는 수많은 시맥의 작은 간실을 단위 면적으로 비교해 보면 날개맥의 구조보다 많은 작은 면을 가지고 있기 때문에 광범위하게 선명한 황색 빛깔을 반사한다. 성숙 개체는 날개와 배마디의 밑부분이 얼마쯤 적색을 띠는 정도일뿐 현저한 변색이 없어 미성숙일 때와 별로 큰 차이가 없다.

생 태 진노란잠자리보다 약 한 달 늦게 출현하는데, 이렇게 닮은 종끼리는 서식지와 출현 시기의 차이로 인해 서로 분리되어 시간적·공간적 격리가 자연히 이루어진다. 미성숙 개체가 야산의 숲 속 생활을 마치고 번식 활동을 위해 돌아온 가을 들녘의 논밭은 황금 물결을 이루어 더 이상 숨을 필요가 없게 된다. 이렇게 잠자리는 특별한 종류를 제외하고는 우화의 계절, 출현 시기, 형태, 생식 지역, 그리고 활동 기간과의 사이에 밀접한 관계가 있음을 알 수 있다. 암컷은 타수 산란을 한다. 유충은 하천, 농수로 등에 살고, 옅은 갈색 바탕에 짙은 갈색 반점이 복잡하게 나 있다.

우화형 도수형
출현기 8~12월
성 충 배 길이 24~29mm, 뒷날개 길이 25~31mm
유 충 몸 길이 17~20mm, 머리 너비 6mm
분 포 한반도 함경도와 평안도 일부 산악지대를 제외한 전역, 제주도, 중국 동·북부, 일본

1 2 3 4 5 6 7 8 9 10 11 12

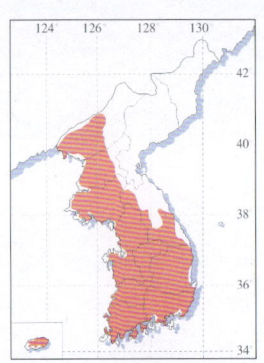

잠자리과

미성숙 ♂ 등면 1992. 8. 21. 경기 양수리

미성숙 ♂ 측면 1992. 9. 5. 전남 영암

81. 진주잠자리

Leucorrhinia dubia Vander Linden   　진주잠자리속

특 징 미성숙일 때에는 겹눈 사이의 안면이 유백색을 띠고 있으며, 몸 전체가 흑갈색 바탕에 황색 점무늬가 불규칙하게 나 있다. 성숙하면 몸 전체가 흑색으로 변하는데, 수컷은 등가슴과 배의 등면에 있는 황색 점무늬가 적색으로 변하나 암컷은 적갈색으로 변한다. 날개는 투명한데, 뒷날개 밑에 흑갈색 무늬가 있다.

생 태 성숙한 수컷은 중국 쪽 백두산 주변 고층 습원의 늪지대나 물웅덩이의 정수 식물이 무성한 곳에서 나뭇가지나 풀잎에 앉아 세력권을 형성하고 암컷을 기다린다. 때때로 세력권 내에서 순찰하다가 암컷을 발견하게 되면 교미를 한다. 교미를 끝낸 후 암컷은 혼자서 정수 식물이 무성한 곳을 찾아다니며 타수 산란을 한다. 유충은 고층 습원의 늪지대, 물웅덩이에 산다.

출현기 6~8월
성 충 배 길이 22~26mm, 뒷날개 길이 25~30mm
유 충 몸 길이 16~19mm, 머리 너비 5~6mm
분 포 한반도 북부, 만주, 아무르, 일본

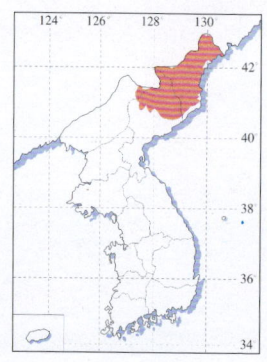

잠자리과

성숙 ♂ 1996. 6. 20. 백두산

산란 ♀ 1996. 6. 23. 백두산

82. 노란허리잠자리

Pseudothemis zonata Burmeister 　　노란허리잠자리속

특 징 몸 색상은 흑색 바탕에 배 제 2~4마디 부근에 황색 반점 무늬가 있고 뒷날개 밑부분에 흑갈색 무늬가 돋보인다. 수컷은 성숙해지면서 배 제 3, 4마디의 황색은 백색으로 변해 가지만, 암컷은 그대로 죽을 때까지 황색을 띤다.

생 태 서식 장소에서는 개체 밀도가 높아 수컷끼리 공중에서 서로 상대편을 노려 보다가 높이 솟아올라 심하게 다투고, 교미 또한 빨리 하여 상대편을 몇 번이고 바꾸어 가며 이루어진다. 교미를 끝낸 후 암컷은 혼자서 수면을 배로 치며 산란한다. 알은 점착성의 피막으로 덮여 있고 덩어리로 뭉쳐져 식물성 플랑크톤에 달라붙어 있다. 유충은 야산의 연못, 방죽 등에 살고, 표피는 두껍고 거친 느낌이 들며, 바탕색은 흑갈색에 옅은 갈색 반점이 몸 전체에 퍼져 있다.

우화형 도수형
출현기 6~9월
성 충 배 길이 28~30mm, 뒷날개 길이 40~42mm
유 충 몸 길이 17~20mm, 머리 너비 7mm
분 포 한반도 중·남부, 덕적도, 제주도, 중국 중·남부, 타이완, 일본 등

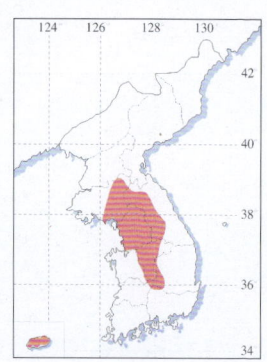

영역 설정 ♂ 1992. 6. 24. 경기 주금산

잠자리과

영역 순찰 ♂ 1992. 6. 25. 경기 주금산

잠자리과

산란 우 1993. 7. 2. 강원 화천   탈피각 1993. 6. 24. 경기 주금산

83. 된장잠자리

Pantala flavescens Fabricius — 된장잠자리속

특 징 몸 전체가 옅은 주황색을 띠고, 석양 노을처럼 붉은 얼굴에 눈알이 큰 잠자리이다. 가슴과 배마디의 색상이 우리 나라의 토속 음식인 된장 색상을 닮았다 하여 이런 이름이 붙여졌다. 배 제 8~10마디에 흑색 무늬가 있다.

생 태 교미가 끝난 암수는 연결한 채로 장시간 날아다니며 수초가 우거진 수면 가까이에서 공중에서 알을 떨어뜨리는 타수 산란을 하는 경우도 있고, 암컷 혼자서 장소를 옮겨 가며 산란하는 경우도 있다. 유충은 평지의 연못, 농수로, 늪지에 살고, 옅은 황갈색 바탕에 짙은 갈색 반점이 복잡하게 나 있으며 살결은 매끈하다. 상하 부속기(교미 부속기)에 미세한 가시가 없는 것이 특징이다.

출현기 성충은 남부 지방에서는 5월 초순부터 나타나기 시작하여 북쪽으로 갈수록 발생 시기가 늦다. 이는 성장 속도가 빠른 자손들이 계속 새로운 세대로 교체되면서 본능적으로 북상(北上)을 계속하기 때문인데, 9월이면 함경도까지 이동하게 된다. 그러나 겨울의 한랭한 수온에서는 추위에 견디는 휴면성이 없어 중·북부 지방에서는 월동하지 못하고 모두 죽는다.

우화형 도수형
출현기 5~9월
성 충 배 길이 30~33mm, 뒷날개 길이 38~43mm
유 충 몸 길이 20~23mm, 머리 너비 7mm
분 포 한반도 전역, 제주도, 울릉도 등 기타 부속섬

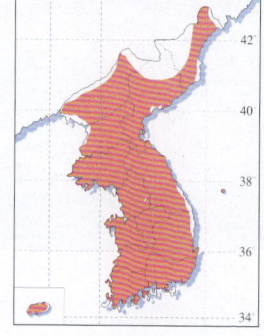

잠자리과

우화 ♂ 1992. 10. 2. 경기 역곡

미성숙 ♂ 1993. 7. 24. 경기 원미산

잠자리과

성숙 ♂ 1992. 8. 23. 경기 용인

산란 우 1995. 7. 16. 경기 화야산

84. 날개잠자리

Tramea virginia Rambur 날개잠자리속

특 징 미성숙일 때에는 몸 전체가 주황색을 띠고 있으나 성숙해질수록 적색이 짙어져서 완전히 성숙해지면 적색이 된다. 적색을 띠는 한국의 잠자리 중에서는 가장 크다. 날개는 몸에 비해 크고 길며 가볍고 튼튼하게 생겼고, 날개의 골조인 시맥과 테두리가 등황색으로 엷게 채색되어 있다. 특히 뒷날개의 밑부분에 너비가 넓고 짙은 적갈색의 무늬 반점이 있는데, 이는 장거리를 날아다니는 잠자리류 중에서 많이 볼 수 있는 것으로, 날고 있을 때 생기는 날개의 진동을 막아 주는 추와 같은 기능을 한다.

생 태 여름철에는 된장잠자리처럼 온대 지방까지 분포를 확대하는 이동성이 강한 종류이나, 징검다리식 이동이 아니고 이민 1세대가 한번에 먼 곳까지 이동하는 양상을 띤다. 그러나 중부 지방에서 여름에 산란한 알은 부화하여 늦가을까지 성장하지만 겨울을 나지 못하고 죽는다. 공중에서의 교미가 끝난 암수는 연결한 채로 산란 장소를 물색하다가 적당한 곳이 나타나면 떨어져 암컷이 타수 산란을 하고, 다시 정지 비행을 하며 대기하던 수컷과 연결하여 먼 거리를 이동하며 계속 산란하지만, 암컷 혼자 산란하는 경우도 있다. 유충은 방죽, 저수지에 살고, 배 끝의 부속기 제 7~9마디의 옆가시가 길고, 하부속기에 미세한 가시처럼 생긴 강모(剛毛)가 많이 나 있다.

우화형 도수형
출현기 5~10월
성 충 배 길이 35~37mm, 뒷날개 길이 45~48mm
유 충 몸 길이 26~29mm, 머리 너비 8mm
분 포 한반도 서·남부와 완도, 제주도, 타이완, 중국 중·남부, 타이, 미얀마, 일본 등

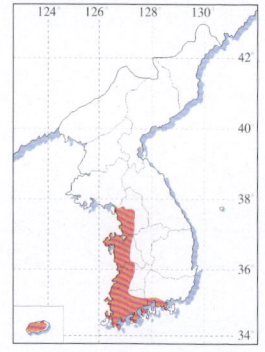

잠자리과

성숙 ♂ 1992. 9. 20. 완도 죽청지 탈피각 1992. 9. 20. 완도 죽청지

서식 환경 1992. 9. 20. 완도 죽청지

85. 나비잠자리

Rhyothemis fuligirosa Selys   나비잠자리속

특 징 뒷날개의 너비가 넓어서 한눈에 알아볼 수 있고, 머리와 가슴, 다리, 배 전체는 흑색이고 금속 광택이 난다. 앞날개 앞 끝의 1/4과 뒷날개 맨 끝의 약간 무색 투명한 부분을 제외한 그 밖의 날개 부분은 청남색 물감에 금가루를 섞어 칠해 놓은 듯 찬란하게 반짝거린다. 성숙·미성숙 개체 간의 색상 차이는 거의 없으나 종종 암컷은 날개의 바탕색이 흑갈색에 녹색의 금속 광택을 띠는 개체가 발견되기도 한다.

생 태 청남색 날개를 번쩍이며 무리를 지어 낮게 떠서 천천히 선회(旋回)하며 미끄러지듯 날아다니는 자태는 무동력 비행기가 편대를 지어 활공하는 모습을 연상시킨다. 일종의 사회적 행동인 떼를 지어 날아오르는 모습은 일부 잠자리 종류(방울실잠자리, 방패실잠자리, 밀잠자리붙이 등)에서도 볼 수 있는 것인데, 이런 집단성 의식을 '공감적 유발'이라 정의하기도 한다. 수초 만의 교미가 끝나면 암컷 혼자서 타수 산란을 한다. 유충은 늪, 하천변 유역에 살고, 갈색 바탕에 짙은 적갈색 반점이 많으며, 배의 모양이 둥글고 다리가 몸에 비해 긴 것이 특징이다.

우화형 도수형
출현기 7∼9월
성 충 배 길이 23∼25mm, 뒷날개 길이 34∼37mm
유 충 몸 길이 13∼15mm, 머리 너비 5mm
분 포 한반도 중·남부, 중국 중·북부, 일본 등

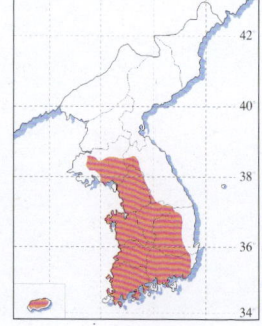

잠자리과

미성숙 ♀ 1997. 6. 11. 경기 광명

성숙 ♂ 1993. 8. 17. 경남 우포늪

잠자리과

비상 1997. 6. 20. 군산 한림지

장수잠자리과

장수잠자리속

86. 장수잠자리

Anotogaster sieboldii Selys 　　　장수잠자리속

특 징 우리 나라에 살고 있는 잠자리 중에서는 가장 크기가 크다. 성충의 머리는 에메랄드 보석처럼 청록색으로 번쩍이고, 앞가두리 윗면에 황색 띠가 있다. 가슴과 배는 흑색 바탕에 광택으로 빛나는 황색 줄무늬가 2줄 곱게 배열되어 있는데, 마지막 두 마디에는 황색 띠가 없다. 옆가슴에도 황색의 넓은 띠가 2줄 있다. 날개는 투명한데, 날개맥은 흑갈색으로 앞가두리맥에는 황색 선이 가늘게 있다. 가두리무늬는 흑갈색이다.

생 태 미성숙일 때에는 야산에서 생활하다가 7월 중순 이후부터 9월 사이에 물가로 돌아온다. 교미를 끝낸 후 암컷은 혼자서 물살이 느린 얕은 여울목 근처에서 정지 비행을 하면서 산란관을 모래 속에 몇 번이고 찔러 넣어 연속으로 삽니 산란을 한다. 유충은 물 속에서 3년이 지나야 우화할 수 있고, 우화 시기는 수온과 밀접한 관계를 맺고 있다. 유충은 물을 떠나 육지에서도 십 수 일 동안 지상 생활을 하다가 우화하며 하천 유역에 사는데, 짙은 갈색 바탕에 흑색 반점이 찍혀 있다.

우화형 도수형
우화형 7~9월
성 충 배 길이 60~70mm(♂), 75~85mm(♀), 뒷날개 길이 53~58mm(♂), 60~65mm(♀)
유 충 몸 길이 40~60mm, 머리 너비 12mm 내외
분 포 한반도 중·남부, 타이완, 중국, 일본 등

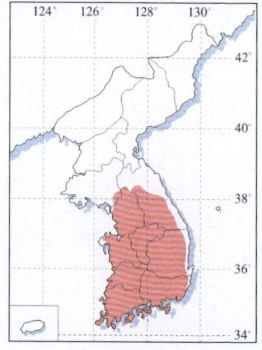

장수잠자리과

미성숙 ♂ 1995. 8. 13. 경남 거제도

잠자리가 잠자리를 잡아먹는 장면

파리매가 잠자리를 잡아먹는 장면

    잠자리는 성충이나 유충이나 일생 동안 육식성이며, 먹이를 잡아먹는 시간대는 주로 아침과 저녁이다. 산 계곡에 사는 잠자리 무리는 주로 하루살이나 각다귀과의 곤충을 먹고 살며, 연못이나 저수지에 사는 잠자리 무리는 파리와 같은 곤충을 먹고 산다. 왕잠자리과의 잠자리는 실잠자리나 좀잠자리속의 잠자리를 잡아먹기도 하나 그런 경우는 매우 드물다. 이 사진들은 그러한 드문 경우들을 보여 주는 것이다.

한국의 메뚜기

여치아목
메뚜기아목

메뚜기목

1. 메뚜기목의 진화

현재 지구상에 살고 있는 메뚜기목을 포함한 직시류(直翅類) 곤충은 공통적인 몇 가지 특징이 있다. 그러면 그들의 진화 과정을 간략하게 살펴보자.

직시류 곤충 가운데에서 초기에 나타난 것은 바퀴목이었다. 이것은 데본기에 이미 출현했을 것으로 추정되며, 석탄기에서 쥐라기(3억 6700만 년~1억 4300만 년 전)에 걸쳐 번성하여 현재까지 열대 지역에 많은 종이 살고 있다. 이 바퀴목은 몸이 아주 납작한 타원형을 하고 있고, 앞날개는 두껍게 딱지날개를 형성하고 있다. 이 딱지날개는 직시류 곤충 전체를 통하여 볼 수 있다. 다리는 좁은 곳을 몰래 숨어서 걸어다녀서인지 가시가 많으나, 보행에 알맞게 되어 있어 재빠르게 달릴 수가 있다.

메뚜기목과 사마귀목은 진화가 상당히 늦어서 이 바퀴목 계통에서 출현하였다. 바퀴목은 잡식성이나, 사마귀목은 다른 곤충을 포식하는 육식성으로 진화하여, 포획용의 낫 모양의 앞다리가 이 무리를 가장 돋보이게 한다. 앞다리를 효율적으로 사용하기 위하여 사마귀목은 앞다리를 신장시켜 가늘고 길게 하고 있다. 사마귀목은 바퀴목처럼 산란할 때에 알집을 만들어서 그 속에 알을 낳음으로써 그들이 같은 조상에서 진화했다는 것을 알려 준다.

메뚜기목의 몸 색상은 대개 식물에 적응한 녹색이나 갈색 또는 지면에 맞춘 흙색이다. 몸은 납작하거나 원통형에 가깝다. 날개는 몸의 중심을 향하여 배의 등면에 겹쳐 놓고 있다. 뒷날개는 폭넓은 반원상이고 부채처럼 겹쳐 앞날개의 밑에 접어 놓고 있다. 날 때에는 뒷날개를 펴고 크게 날개를 치나, 몸이 굵어 비행에 적합하지 않기 때문에 긴 시간을 공중에서 머물지 못하고 짧은 거리

밖에 날지 못한다. 촉각은 크게 발달해 길고, 입은 전형적인 씹는 형이며, 직선적인 소화관과 보행을 위한 다리 구조, 이 모든 것들이 곤충의 기본 틀을 갖추고 있다.

쥐라기(2억 1200만 년 전~1억 4300만 년 전)에는 현생의 갈루아벌레목의 조상이 나타나기 시작했고, 바퀴목과 같이 번성하였다. 이 갈루아벌레목의 조상은 직시류 곤충 선조군의 초기에 나타난 것으로서, 그 때 이미 날개를 가지고 원시 식생 사이를 서투르게 날아다녔을 것이다. 얼마 후 환경이 변화하여 생존의 위기를 맞이하였으나, 땅 속에 잠입하여 있던 것은 날개를 완전히 퇴화시켜 갈루아벌레목이 되었다. 한편 이 계통에 있던 다른 무리가 물에 적응하여 오랫동안 생활을 하면서 애벌레 기간을 물 속에서 지내는 강도래목이 되었다고 한다.

어쨌든 직시류 곤충은 알에서 유충을 거쳐 성충에 이르는 과정에서 변태를 하나 그것은 불완전한 것으로, 성충은 날개를 제외하면 유충의 형태를 하고 있다.

2. 메뚜기목의 분류

메뚜기목에는 여치류, 귀뚜라미류, 메뚜기류의 무리가 속해 있다. 북극과 남극을 제외한 전세계에 분포하는데, 약 15,000여 종이 알려져 있다. 특히 열대 지방에 많으며, 우리 나라에는 약 200여 종이 분포하고 있다.

1) 여치아목(여치류와 귀뚜라미류)

여치아목은 메뚜기목(직시류)의 원시적인 성질을 갖추고 있다. 주로 생활 장소를 나무 위나 풀 위에서 생활하는 여치류와 땅 위에서 생활하는 귀뚜라미류 등 크게 두 무리로 나눈다. 이들은 모두 수컷의 날개에 발음기가 있으며, 그들의 울음소리는 사실 현악기의 소리에 가깝다. 왜냐 하면 그들의 발음기는 아쟁, 해금과 같은 우리 고유의 전통 악기 또는 서양의 바이올린과 같은 구조를 하고 있기 때문이다. 수컷 날개의 특이한 구조가 이것을 결정하는데, 앞날개에 있는 줄칼 모양의 특별한 시맥은 현에 해당하고 반대편 날개의 줄칼을 마찰하는 부분은 궁에 해당하여, 이 현(줄)과 궁(활)을 마찰하여 울음소리를 낸다. 악기의 본체에 해당하는 현이 있는 날개를 귀뚜라미류는 오른쪽 날개에, 여치류는 왼쪽 날개에 지니고 있어 여치류와 귀뚜라미류를 쉽게 구분할 수 있다.

각각 울음소리가 달리 들리는 것은 앞날개의 형태가 종마다 다르기 때문인데, 그것은 악기의 종류에 따라 소리가 다른 것과 마찬가지이다. 아무튼 이들의 울음소리는 종 고유의 정보이며, 때로는 영역을 선언하고, 때로는 종족을 유지하기 위한 역할을 한다. 그래서 달 밝은 가을 밤에 풀숲에서 들리는 풀벌레의 울음소리는 바로 수컷이 암컷을 부르는 세레나데인 셈이다. 이 사랑을 노래하는 수컷의 교신을 암컷은 앞다리의 정강이마디에 있는 귀(고막)로 듣게 되며, 생식 기관이 성숙한 암컷은 수컷의 울음소리에 이끌려 오게 된다.

왕귀뚜라미의 수컷은 암컷이 가까이 온 것을 느끼면 울음소리를 구애의 노래로 전환하여 가락과 장단을 빠르게 하여 유혹하고, 교미에 이르게 되면 울음소리는 단조롭게 바뀐다. 긴꼬리(*O. longicauda*) 수컷은 날개를 들고 울며 암컷을 부른다. 암컷이 다가오면 등가슴 밑에 있는 분비선에서 분비물(pheromone)을 내놓고 암컷을 유혹한다. 암컷이 분비물을 핥고 있는 동안에 수컷은 정자가 들어 있는 가느다란 실관에 매달려 있는 정포(젤라틴상의 덩어리)를 암컷의 생식문에 전해 주는 것으로 교미를 끝내지만, 암컷은 계속해서 수컷의 등에 있는 분비물을 핥는다. 이 때, 정포 안에 보관되어 있던 정자가 이 사이에 가느다란 실관을 통해 암컷의 수정낭에 보내진다. 수컷은 교미를 끝내고 곧 떠나가고, 암컷은 잠시 후 이 정포를 먹어 버린다.

이렇게 귀뚜라미류의 정포는 일반적으로 작고 자루가 달린 난형이나, 여치류는 비교적 큰 덩어리로 포장되어 있다. 여치류의 암컷은 이 정포가 산란관의 기부(基部)에 붙여지면 젤라틴상의 부분을 이윽고 먹어 버린다. 정포는 영양이 풍부하여 이것을 먹은 암컷의 난소는 발육이 매우 좋다. 따라서 커다란 정포를 먹은 암컷일수록 이 영양분에 의해 알을 잘 숙성시킨다.

실베짱이는 낫 모양의 산란관을 잎 속에 찔러 넣어 납작한 알을 산란하고, 긴꼬리는 싸리나무와 같은 작은 가지에 가늘고 긴 산란관의 끝을 송곳과 같이 비벼 넣어 작은 구멍을 뚫고 산란하며, 이런 과정을 반복하여 여러 번에 걸쳐 산란하게 된다. 환경 조건은 같기 때문에 거의 동시에 알이 난화한다. 난화 후 어린 유충은 바로 허물을 벗고 1령 유충이 된다. 유충은 식물을 먹고 성장하면서 탈피를 반복하고, 다 자란 유충은 마지막 탈피를 거쳐 훌륭한 날개를 가진 성충이 된다. 수컷은 연주를 하며 암컷을 부르고, 교미한 암컷은 산란을 하여 종족을 이어 가는 것이다.

방울벌레는 암컷이 약 150~300개의 알을 땅 속에 낳는다. 사육해 보면 약 90%가 정상으로 난화하며, 5~6월경에 난화한 애벌레는 3~4회 탈피를 해야 날개싹이 보이기 시작한다. 5~6회 탈피를 반복할수록 날개싹은 커지고, 마지막 7번째 탈피를 하면 성충이 된다. 수컷은 성충이 되고 5~10일이 지나고부터 '링 링 링' 하고 울며 암컷을 부른다.

이와 같이 귀뚜라미류나 여치류의 생활사에는 종마다 특별한 생태가 있는데, 예를 들면 방적 능력을 가지고 있는 어리여치는 잎을 실로 감아서 통 속(집 속)에 숨어 있거나, 알과 유충은 기온이 떨어지는 겨울이나 더운 여름에 휴면을 하는 등 종마다 또는 같은 종이라도 광주기나 온도에 따라 휴면기가 달라지기 때문에 생활사는 달라지는 경우도 있다.

2) 메뚜기아목

메뚜기아목은 여치아목보다 진화한 무리이다. 짧은 촉각, 특이한 머리 모양, 말안장 모양의 앞가슴〔前胸背板〕, 특별한 날개, 도약하기 위한 강한 뒷다리가 특징인 메뚜기류, 몸 형태가 마름모 모양의 모메뚜기류, 벼룩처럼 뛰는 좁쌀메뚜기류가 있다.

큰 머리에 발달한 저작형 입을 가지고 있다. 야행성과 땅 속에 사는 것 중에는 겹눈이 작고 홑눈은 퇴화하는 경향이 있으나, 주행성의 메뚜기는 겹눈이 크고 홑눈은 3개가 있다. 짧은 촉각은 여치류보다 굵고, 더듬이는 거의 많은 마디로 이어져 있으며, 몸보다 길거나 굵고 짧다. 앞가슴은 크고 양옆이 수직으로 내려와 가슴의 양옆을 덮고 있는 것이 특징이다.

앞날개는 키틴질이 강하고, 배를 덮어 보호하며, 날개에는 특별히 뚜렷한 발음기가 없다. 그러나 메뚜기상과(上科)의 일부에서는 앞날개의 특수한 시맥과 뒷다리 정강이마디의 안쪽 부분을 마찰시켜 울음소리를 낸다. 이렇게 발음기를 갖춘 종은 시맥이 특화되어 있다.

메뚜기 무리는 뒷날개를 펼치면 직선상의 시맥이 방사상으로 배열되어 부채를 펼친 모양을 하고 있다. 평소에는 접어서 작게 하여 앞날개의 밑에 감추어 두고 있다. 무리에 따라서는 날개가 모두 퇴화되어 버린 것도 있는데, 모메뚜기과는 앞날개만이 퇴화되어 있다.

앞다리와 중간다리는 짧은데, 이것은 보행용이며(땅강아지는 앞다리가 흙을 파기 위한 손바닥 모양으로 변형되어 있다.), 뒷다리는 크고 튼튼하여 도약하는 데 적당한 구조를 갖추고 있다. 그래서 메뚜기목을 도약목이라고도 한다. 각 다리의 부절 수나 경절(脛節)의 구조, 극상 돌기의 배열은 무리에 따라 변화가 심하여 분류에 사용한다.

배는 거의 원통형으로 11마디이며, 미모(尾毛)를 가지고 있다. 전경절과 배 제 1마디의 측방(側傍)에 귀(팽막)를 가지고 있는 것이 많다.

암컷의 산란관은 잘 발달하여 2대의 상하로 어긋난 삽 모양이다. 산란관은 여치류처럼 창 모양이나 칼 모양(송곳 모양)은 없고, 4개의 산란관과 미모(尾毛)를 이용하여 흙을 파고 산란한다. 이 때 산란관은 흙을 파는 삽과 같은 역할을 하게 된다. 메뚜기류의 산란은 알을 뭉쳐 난괴(卵塊)로 흙 속에 낳고, 여치와 귀뚜라미류는 흙 속이나 식물 조직 속에 낳는다.

메뚜기아목은 여치아목보다는 추운 땅에서도 적응할 수 있어 해안가에서부터 산 정상에 이르기까지 생활 장소는 넓게 퍼져 있다. 주로 초원에서 생활하며, 대개는 땅 위를 거처로 하고 있는 것이 많으나, 풀잎 위나 나뭇가지 위에서 생활하는 것들도 있다. 어떤 것은 땅 속 생활(보기: 좁쌀메뚜기)을 하여 개미집 속에서 살고 있는 것들도 있다.

메뚜기 구조

● 성충의 명칭

여치아목

꼽등이과
여치과
긴꼬리과
귀뚜라미과
땅강아지과

성충 ♂ 1996. 6. 10. 경기 억곡

1. 굴꼽등이

Tachycines uenoi Yamasaki 꼽등이과

특 징 몸 색상은 흑갈색으로 몸에 무늬가 없고 날개도 없다. 꼽등이 종류 중 가장 작다. 촉각은 가늘고 매우 길다.

생 태 인가 주변에 많고, 집 안에서는 벽틈 사이나 화분이 놓여 있는 습한 곳에 산다. 집 밖에서는 마루 밑, 땅구멍 속, 마른 나뭇잎, 썩은 나뭇잎이 쌓여 있는 습한 장소에서 산다. 암컷의 산란관은 가늘고 길다. 성충 상태로 월동하는데, 봄에 산란한다.

출현기 6~7월
성 충 몸 길이 15~20mm
분 포 한반도 전역

| 1 | 2 | 3 | 4 | 5 | 6 | 7 | 8 | 9 | 10 | 11 | 12 |

성충 ♂ 1996. 6. 10. 경기 역곡

성충 ♀ 1994. 7. 12. 강원 설악산

여치아목

성충 ♀ 1996. 10. 13. 천안 광덕산

2. 꼽등이

Diestrammena apicalis Brunner　　꼽등이과

특 징 몸 색상은 어두운 흑갈색으로, 날개가 없어 전혀 울지 않는다.

생 태 지하실, 마루 밑, 벽틈 등 집 안의 실내에 주로 살며, 집 밖에서는 땅굴, 낙엽, 덤불 밑 같은 장소에서 산다. 야간에 활동하며, 잡식성으로, 야채를 비롯하여 죽은 곤충도 먹는다. 1년 중의 생활사는 불규칙하여 알 또는 성충으로 월동하기도 한다. 암컷은 10월에 산란관을 땅 속에 삽입하고 산란한다.

출현기 6~10월
성 충 몸 길이 25mm 내외
분 포 한반도 전역, 제주도, 울릉도

산란 우 1996. 10. 13. 천안 광덕산

성충 우 1996. 10. 13. 천안 광덕산

여치아목

성충 ♂ 황갈색형 1993. 8. 6. 경기 천마산

3. 줄베짱이

Ducetia japonica Thunberg　　　　여치과

특 징 몸 색상은 녹색형과 황갈색형이 있다. 암컷은 앞가슴에 너비가 넓은 1개의 등황색 선이 있고, 수컷은 전체가 등갈색이다. 앞날개는 뒷가두리가 직선이고, 수컷은 옅은 갈색형, 암컷은 옅은 황색형이 많다. 앞가두리는 둥그렇고 뒷경맥의 지맥은 5개가 평행하다.

생 태 평지와 야산의 초원에서 산다. 키가 작은 나무나 키가 큰 풀에 앉아 있는 것을 볼 수 있는데, 1년에 1세대만 발생한다. 수컷은 야간에 '찌찌찌' 하고 운다. 암컷의 산란관은 밑부분이 위쪽으로 구부러졌다.

출현기 8~10월

성 충 몸 길이 33~37mm

분 포 한반도 전역

| 1 | 2 | 3 | 4 | 5 | 6 | 7 | 8 | 9 | 10 | 11 | 12 |

성충 ♀ 녹색형 1996. 9. 18. 강원 영월

유충 ♀ 의사 행동 1992. 8. 29. 경기 천마산

여치아목

성충 ♀ 1996. 10. 19. 청주 우암산

4. 큰실베짱이

Elimaea grandis Matsumura et Shiraki / 여치과

특 징 몸 색상은 전체적으로 녹색 바탕에 황록색이다. 촉각은 흑갈색인데, 수 개의 황백색 무늬가 마디마디에 찍혀 있다. 앞날개는 가늘고 길며, 뒷날개는 앞날개보다 더 길다. 그래서 날개의 길이는 몸 길이의 2배 이상이다. 날개맥과 맥의 접합부에 갈색 줄무늬가 나 있다.

생 태 산지의 임도 주변의 초원 지대에서 산다. 식성은 초식성이다. 암컷은 식물의 조직 속에 산란한다. 산란관은 굵고 너비가 넓은 낫 모양으로 위쪽으로 구부러졌다. 알로 월동한다.

출현기 9~10월
성 충 몸 길이 50~55mm
분 포 한반도 중·남부

| 1 | 2 | 3 | 4 | 5 | 6 | 7 | 8 | 9 | 10 | 11 | 12 |

성충 ♂ 등면 1996. 10. 13. 천안 광덕산

여치아목

성충 ♂ 측면 1994. 9. 16. 완주 운장산

성충 우 측면 1994. 9. 15. 완주 운장산

5. 날베짱이

Holochlora longifissa Matsumura et Shiraki / 여치과

특 징 몸 색상은 녹색으로 앞날개 기부 앞에 갈색부가 있다. 앞다리의 넓적다리마디(퇴절부)는 적갈색이다. 그 동안 일본에 분포하는 베짱이붙이(*Holochlora japonica* Brunner)와 혼동되어 왔으나, 한국산은 모두 날베짱이이다.

생 태 산길 주변에 있는 작은 나무의 잎 위에서 생활하며 잎을 먹고 산다. 주간에 활동하며, 수컷은 '찌지지지' 하고 작은 소리로 운다. 암컷의 산란관은 짧고 너비가 넓은 낫 모양으로 갈색을 띠고 있다.

출현기 9~10월

성 충 몸 길이 45~55mm

분 포 한반도 중·남부, 제주도

| 1 | 2 | 3 | 4 | 5 | 6 | 7 | 8 | 9 | 10 | 11 | 12 |

성충 ♂ 1996. 10. 13. 천안 광덕산

성충 ♀ 등면 1992. 9. 5. 해남 두륜산

여치아목

성충 우 측면 1993. 10. 9. 서울 한강

6. 실베짱이

Phaneroptera falcata Poda

여치과

특 징 몸 색상은 전체가 옅은 녹색이다. 암수 모두 뒷날개가 앞날개보다 길다.

생 태 1년에 1~2세대를 반복한다. 남부의 평지에서는 7월과 9~11월로 2세대가, 남부의 높은 산지와 중·북부 지방에서는 8월로 1세대만 출현한다. 평지의 저수지 둑길 등 초원 지대에 많다. 주간에는 풀잎에 앉아 꽃가루를 먹는 개체도 있다. 석양 무렵부터 수컷은 '찌' 하고 연속적으로 운다. 암컷은 나무 껍질 속이나 나뭇잎 속에 알을 산란한다.

출현기 7~11월(남부의 평지), 8월(중·북부)

성 충 몸 길이 30~40mm

분 포 한반도 중·남부

성충 우 등면 1996. 10. 28. 정주 내장산

여치아목

성충 ♀ 1993. 10. 10. 경기 주금산

7. 검은다리실베짱이

Phaneroptera nigroantennata Brunner / 여치과

특 징 몸 색상은 전체적으로 청록색 바탕에 미세한 황색 점무늬가 산포되어 있다. 종명에서 보듯이 촉각은 가늘고 길며 흑색인데, 마디마디에 백색 점무늬가 있다. 뒷다리의 종아리마디도 흑색이다. 앞날개는 짧고 좁으며 그물코 모양의 지맥이 복잡하게 얽혀 있고, 뒷날개는 앞날개보다 길다.

생 태 산지성으로, 주간에 산길 주변의 초원에서 키가 큰 풀 사이를 날면서 이동하며, 낮에 활동을 한다. 성충은 남부 지방에서는 1년에 1~2세대(6~7월, 8~10월), 중·북부 지방에서는 1년에 1세대(8~11월)만 볼 수 있다.

출현기 6~7월, 8~10월(남부), 8~11월(중·북부)

성 충 몸 길이 29~35mm

분 포 한반도 전역

성충 ♀ 1992. 9. 5. 영암 월출산

성충 ♂ 1994. 9. 15. 정주 운장산

여치아목

2령 유충 1992. 8. 8. 경기 물왕리

여치아목

3령 유충 1995. 8. 13. 거제 노자산

3령 유충 1996. 8. 10. 제주 성판악

3령 유충 1993. 8. 14. 경기 소요산

여치아목

성충 우 측면 1996. 10. 13. 천안 광덕산

8. 베짱이

Hexacentrus unicolor Serville 여치과

특 징 몸 색상은 녹색이다. 머리등과 등가슴, 가운뎃가슴 배면이 짙은 갈색이고, 그 테두리는 황색이다. 앞가슴은 둥글어 전체적으로 안장과 비슷한 모양이다. 앞날개는 중앙이 너비가 넓고 길어 배를 넘는다. 앞다리와 가운데 종아리마디에 날카로운 가시 돌기가 2열 종대로 나 있다.

생 태 산길 주변의 키 작은 잡목림 지대에서 산다. 육식성으로 야간에 활동하며, 잎에서 잎으로, 나무에서 나무로 날개로 날면서 이동하며 먹이를 잡아먹는다. 암컷의 산란관은 긴 칼 모양으로 직선이다.

출현기 9~10월
성 충 몸 길이 28~35mm
분 포 한반도 전역

| 1 | 2 | 3 | 4 | 5 | 6 | 7 | 8 | 9 | 10 | 11 | 12 |

성충 ♀ 등면 1996. 10. 13. 천안 광덕산

여치아목

3령 유충 1995. 7. 16. 경기 명지산

탈피과정 1

여치아목

1~20. 베짱이 3령 유충의 탈피 과정을 보여 준다. 약 50분 동안 탈피를 한다.
1. 베짱이가 탈피할 장소로 풀잎을 택했다.
2~6. 꼬리 부분부터 허물을 벗기 시작한다.

1995. 7. 16. 16:50~17:40 경기 명지산

7~9. 뒷다리로 허물을 잡으면서 힘을 주어 꼬리를 뽑아 내고 있다.
10. 허물을 다 벗고 약 20분간 휴식을 취한다.

여치아목

탈 피 과 정 2

11

12

13

14

15

11~15. 더듬이를 하나씩 입으로 잡아당겨 뽑아 내기 시작한다.

1995. 7. 16. 16:50~17:40 경기 명지산

여치아목

16~20. 약 5분간 휴식 후 다리가 완전히 굳어지면 몸을 들어 허물을 잡고 배를 뽑아 내어 탈피를 마친다.

성충 ♀ 1996. 10. 13. 천안 광덕산

9. 남방베짱이(신칭)

Hexacentrus japonicus Karny   여치과

특 징 몸 색상은 녹색이다. 머리등과 등가슴, 그리고 날개등 중간까지는 갈색 무늬가 있다. 모습은 베짱이와 비슷하지만 출현 시기, 날개의 시맥, 암컷의 산란관에서 차이점이 나타난다.

생 태 성충은 중·남부 지방 산지의 양지바른 임도의 키 작은 나무 주변에서 9월부터 10월까지 볼 수 있다. 수컷은 야간에 높은 울음소리를 낸다. 앞다리와 중간다리에 2열의 날카로운 가시 돌기가 돋아나 있다. 육식성으로 풀 위에 있는 작은 곤충을 잡아먹는다. 알로 월동한다.

출현기 9~10월
성 충 몸 길이 30~38mm
분 포 한반도 중·남부, 일본

성충 우 1996. 10. 13. 천안 광덕산

성충 ♂ 1994. 7. 9. 충남 안면도

10. 쌕쌔기

Conocephalus chinensis Redtenbacher / 여치과

특 징 몸은 가늘고 길다. 몸 색상은 옅은 녹색으로 날개등과 등가슴에 갈색 무늬가 있다. 촉각은 길며 적색이다. 날개는 가늘고 길다.
생 태 해변가의 습한 초지나 하천변의 초원에 많이 산다. 이 기회에 쌕쌔기 무리는 생식 환경에 따라 종류가 정해진다는 점을 알자. 성충은 평지에서는 초여름과 가을에 2번 출현하며, 산지에서는 여름에 1번만 출현한다. 수컷은 주야로 '쌕쌔 기...기...기' 하고 연속적으로 운다. 암컷의 산란관은 쌕쌔기 무리 중에서는 가장 짧다.
출현기 6~7월, 9~10월(평지), 6~7월(산지)
성 충 몸 길이 15~20mm
분 포 한반도 중·북부

| 1 | 2 | 3 | 4 | 5 | 6 | 7 | 8 | 9 | 10 | 11 | 12 |

성충 ♂ 1993. 9. 29. 경기 어천

여치아목

성충 ♀ 1992. 9. 4. 충남 논산

11. 긴꼬리쌕쌔기

Conocephalus gladiatus Redtenbacher   / 여치과

특 징 몸 색상은 옅은 녹색이다. 앞날개는 너비가 넓고, 머리와 등가슴에 갈색 줄무늬가 있다. 쌕쌔기 무리 중에서는 암컷의 산란관이 가장 긴데, 거의 몸 길이와 비례할 정도로 매우 길다.

생 태 논밭 초지의 벼과 식물 주변에 많다. 수컷은 '쌕쌔기쌕쌔기'하고 단절적으로 운다. 알로 월동한다.

출현기 8~10월
성 충 몸 길이 15~20mm
분 포 한반도 중·북부

| 1 | 2 | 3 | 4 | 5 | 6 | 7 | 8 | 9 | 10 | 11 | 12 |

성충 ♂ 1992. 9. 20. 강원 방대산

12. 북방실베짱이

Ducetia chinensis Brunner

여치과

여치아목

특 징 몸 색상은 청록색 바탕에 갈색 줄무늬가 산포해 있다. 앞날개의 말단은 둥근 편이고 뒷가두리는 수컷만 갈색이다. 뒷경맥에는 4개의 지맥이 있다. 뒷날개는 수컷만 뒤쪽으로 연장되어 있다. 실베짱이에 비해 몸은 짧고 굵다.

생 태 중·북부 지방 산길 주변의 초원에서만 발견된다. 암컷의 산란관 길이는 약 6~7mm 정도이며, 등 쪽으로 약간 구부러졌다.

출현기 9~10월
성 충 몸 길이 30~35mm
분 포 한반도 중·북부, 제주도

| 1 | 2 | 3 | 4 | 5 | 6 | 7 | 8 | 9 | 10 | 11 | 12 |

성충 우 1993. 10. 13. 경기 곤지암

13. 좀쌕쌔기

Conocephalus japonicus Redtenbacher   여치과

특 징 몸 색상은 녹색이다. 머리와 등가슴에는 갈색 줄무늬가 있다. 암컷의 날개는 짧아서 배 끝을 넘지 못하고, 산란관은 가슴과 배의 길이를 합친 만큼 길다.

생 태 산간의 경작지 주변 물웅덩이와 물논의 주변 콩과 식물에 많다. 수컷은 '쌕쌕..쌕' 하고 작은 소리로 운다.

출현기 8~10월
성 충 몸 길이 20~35mm
분 포 한반도 중·남부

| 1 | 2 | 3 | 4 | 5 | 6 | 7 | 8 | 9 | 10 | 11 | 12 |

성충 우 1995. 8. 20. 강원 고진동

14. 우수리여치

여치과

Metrioptera ussuriana Uvarov

여치아목

특 징 몸 색상은 옅은 갈색이다. 날개는 녹색이며, 앞날개는 부채 모양으로 넓적하여 배 끝까지 이르고, 거의 배를 덮는다. 앞가슴은 뒤쪽일수록 너비가 넓고 뒷가두리는 둥그렇다. 중앙 뒷융기선은 뚜렷하고, 제 1 횡구와 제 3횡구는 중앙에서 끊어졌다. 앞가슴 돌기는 작고, 가운데 뒷배 돌기는 삼각형이다. 미모는 길고, 그 중앙 안쪽에 끝이 아래로 향한 작은 가시가 있다.

생 태 산지성으로 산길 주변의 초원에서 많이 볼 수 있다.

출현기 8~10월
성 충 몸 길이 15~25mm
분 포 한반도 전역, 우수리

| 1 | 2 | 3 | 4 | 5 | 6 | 7 | 8 | 9 | 10 | 11 | 12 |

성충 ♂ 1992. 9. 5. 영암 월출산

15. 매부리

Ruspolia lineosus Walker　　여치과

특 징 몸 색상은 녹색 또는 갈색을 띤다. 머리 끝이 앞으로 돌출하였다. 앞이마 돌기가 굵으며, 앞가슴이 뚜렷하게 둥그렇다.

생 태 논밭 두렁이나 습지 초원의 하천 제방에 많다. 화본과 식물을 먹는다. 암컷의 산란관은 길어 날개 끝을 넘을 정도이다. 수컷은 초지에서 '찌'하고 연속적으로 운다. 땅속에서 알로 월동한다.

출현기 8~10월
성 충 몸 길이 35~45mm
분 포 한반도 중·남부

| 1 | 2 | 3 | 4 | 5 | 6 | 7 | 8 | 9 | 10 | 11 | 12 |

성충 ♂ 1994. 9. 3. 경기 역곡

성충 ♂ 1994. 9. 3. 경기 역곡

여치아목

성충 ♂ 1992. 9. 20. 강원 방대산

16. 애여치

Metrioptera engelhardti Uvarov / 여치과

특 징 몸 색상은 갈색과 흑갈색이다. 머리등과 등가슴에는 옅은 황색 무늬가 있다. 암컷은 앞가슴 옆면에 백색선이 선명하다. 앞날개는 지방에 따라 단시형과 장시형이 있으나, 배의 중간부를 덮지 못할 정도로 짧다.

생 태 계곡 주변의 초원에 많다. 수컷은 앞날개를 반개하고 약하게 운다. 암컷의 산란관은 칼 모양으로 위쪽으로 구부러져 있으며 흑색이다. 암컷은 풀줄기에 산란하고 알로 월동한다.

출현기 6~7월
성 충 몸 길이 22~25mm
분 포 한반도 중·북부

| 1 | 2 | 3 | 4 | 5 | 6 | 7 | 8 | 9 | 10 | 11 | 12 |

유충 ♂ 1993. 6. 26. 경기 주금산

여치아목

유충 ♂ 1995. 7. 28. 강원 향로봉

성충 ♂ 1993. 8. 7. 문산 임진각

17. 여치

Gampsocleis obscura Walker　　　여치과

특 징　몸은 뚱뚱하고 색상은 황록색이다. 날개등은 황갈색이다. 앞날개는 배 끝을 넘고, 가운뎃방에 뚜렷한 흑색 점무늬가 줄을 지어 있다.

생 태　평지의 강변 둑이나 논두렁의 초지에 산다. 수컷은 주간에 풀숲에 숨어서 '찌르르 찌르르' 하고 옷을 짜는 베틀의 소리처럼 연속적으로 운다.

출현기　7~8월
성 충　몸 길이 33~40mm
분 포　한반도 중·남부

| 1 | 2 | 3 | 4 | 5 | 6 | 7 | 8 | 9 | 10 | 11 | 12 |

성충 ♂ 1993. 8. 7. 문산 임진각

유충 ♂ 1996. 6. 24. 연길 일송정

여치아목

성충 우 1994. 7. 17. 문경 주흘산

18. 긴날개여치

Gampsocleis ussuriensis Adelung 여치과

특 징 몸 색상은 녹색 바탕에 갈색 무늬가 있다. 수컷의 앞날개는 몸 길이보다 길지만 암컷의 앞날개는 배를 다 덮지 못할 정도로 짧다. 날개에는 녹갈색에 흑색 점무늬가 있다.

생 태 수컷은 주간에 울며, 기온이 높아질수록 야간에도 운다. 산지에서 사는 것은 크기가 작으며, 늦가을까지 볼 수 있다. 여치(*G. obscura* Sedakovi) 또는 북방여치[*G. buergeri*(일본산)]와 혼동하여 왔다. 암컷의 산란관은 길다. 잡식성으로 육식성의 성질이 강한 것이 특징이다. 알로 월동한다.

출현기 6월 중순~10월

성 충 몸 길이 40~55mm

분 포 한반도 중·북부

| 1 | 2 | 3 | 4 | 5 | 6 | 7 | 8 | 9 | 10 | 11 | 12 |

성충 ♂ 1993. 8. 1. 강원 쌍용

유충 ♀ 1995. 6. 6. 강원 쌍용

여치아목

성충 ♂ 1993. 6. 24. 경기 주금산

19. 잔날개여치

Chizuella bonneti Bolivar   여치과

특 징 앞가슴 뒷가두리에 백색 무늬가 가늘게 있다. 앞날개는 약 5mm로 배의 1/2에도 미치지 못한다.

생 태 저수지 주변의 초지와 하천변, 제방과 같은 습기가 있는 곳에 산다. 수컷은 아주 작은 소리로 '리릴 리리' 하고 운다. 알로 월동한다.

출현기 6~9월
성 충 몸 길이 22mm(♂), 32mm(♀)
분 포 한반도 중·북부, 제주도

| 1 | 2 | 3 | 4 | 5 | 6 | 7 | 8 | 9 | 10 | 11 | 12 |

1령 유충 ♂ 1994. 5. 25. 경기 반월   2령 유충 ♂ 1994. 5. 30. 경기 반월

여치아목

성충 ♀ 1992. 8. 15. 경기 물왕리

성충 ♀ 1994. 8. 20. 경기 가평

20. 갈색여치

Paratlanticus ussuriensis Uvarov   여치과

특 징 앞날개는 앞가슴보다 길고 황갈색이며, 흑색 점무늬가 많이 있다. 뒷날개는 퇴화하여 짧다.

생 태 산지의 임도 주변의 낙엽이 쌓인 곳이나 작은 나무 주변에서 산다. 암컷의 산란관은 몸 길이보다 길다.

출현기 8~10월
성 충 몸 길이 25~30mm
분 포 한반도 중·북부

| 1 | 2 | 3 | 4 | 5 | 6 | 7 | 8 | 9 | 10 | 11 | 12 |

성충 ♂ 1996. 8. 7. 서울 불광동(김태우)

유충 1993. 5. 27. 경기 수리산

유충 탈피 ♀ 1995. 6. 8. 강원 공작산

여치아목

성충 우 1993. 8. 6. 경기 천마산

21. 중베짱이

Tettigonia viridissima Linneaus   여치과

특 징 전체적으로 동양베짱이와 비슷한 생김이지만 크기가 작고, 암컷 산란관의 모양에서도 차이가 난다.

생 태 전국의 산지에 분포하는데, 남부 지방에서는 산지의 높은 지대에서만 산다. 나무 위나 큰 풀이 우거진 임도 주변에서 볼 수 있다. 앞다리의 가시가 날카로워 육식성의 특징을 잘 보여 준다.

출현기 8~9월
성 충 몸 길이 30~40mm
분 포 한반도 중·북부, 유라시아 대륙

| 1 | 2 | 3 | 4 | 5 | 6 | 7 | 8 | 9 | 10 | 11 | 12 |

성충 ♀ 안면 1993. 8. 6. 경기 천마산

유충 ♀ 1993. 7. 28. 광양 백운산

여치아목

성충 ♂ 1993. 6. 22. 경기 천마산

22. 동양베짱이(신칭)

Tettigonia orientalis Uvarov / 여치과

특 징 몸 색상은 전체적으로 녹색이나 등가슴에 큰 갈색 무늬가 있다. 커다란 베짱이로, 앞다리에 날카로운 가시 돌기가 발달되어 있다.

생 태 유충기에는 산기슭 초지의 풀잎 위에서 성장하고, 성충이 되면 나무 위로 이동한다. 산길 주변의 키가 큰 풀잎의 윗부분이나 나무 위에서 볼 수 있다. 암컷의 산란관은 칼 모양으로 길고 뾰족하다. 이 종은 지금까지 중베짱이로 혼동되어 학계에 알려져 왔으나, 필자가 생활사를 연구해 본 결과 한국 미기록종인 동양베짱이로 밝혀졌다.

출현기 6~7월
성 충 몸 길이 40~50mm
분 포 한반도 중·남부

| 1 | 2 | 3 | 4 | 5 | 6 | 7 | 8 | 9 | 10 | 11 | 12 |

유충 ♂ 1994. 6. 11. 경기 천마산

유충 ♀ 1993. 6. 22. 경기 천마산

여치아목

교미 1996. 9. 17. 강원 영월

23. 긴꼬리

Oecanthus indicus Saussure　　긴꼬리과

특 징 몸 색상은 옅은 녹색으로 머리는 가늘고 길며, 앞날개도 옅은 녹색이다. 수컷의 등면은 거의 발음부로 되어 있다.

생 태 수컷은 풀잎에 앉아 날개를 펴고 앞날개를 서로 맞비벼 '룰룰 룰' 하고 단조로우나 듣기 좋은 울음소리를 낸다. 울음소리를 내는 여치아목 중에서 가장 아름다운 소리로 운다. 암컷의 산란관은 흑갈색이다. 먹이는 어린 잎을 주로 먹는다.

출현기 8~10월
성 충 몸 길이 11.5~15.5mm
분 포 한반도 중·북부의 산지

| 1 | 2 | 3 | 4 | 5 | 6 | 7 | 8 | 9 | 10 | 11 | 12 |

성충 ♂ 1995. 8. 20. 강원 고진동

성충 ♀ 1995. 8. 20. 강원 고진동

여치아목

성충 ♂ 1997. 5. 3. 서울 불광동(김태우)

24. 먹종다리붙이(신칭)

Trigonidium cicindeloides Rambur   귀뚜라미과

특 징 몸과 머리, 촉각은 옅은 흑색이고 다리는 옅은 갈색이다.

생 태 종령 유충으로 월동하고, 경기도의 야산 건조한 초지에서 많이 발견된다. 주로 풀숲의 야생화 위에서 살며, 날개에는 발음기가 없어 울지 못한다.

출현기 5월 초순경
성 충 몸 길이 5~6mm
분 포 경기도

| 1 | 2 | 3 | 4 | 5 | 6 | 7 | 8 | 9 | 10 | 11 | 12 |

종령 유충 1997. 5. 5. 서울 구파발(김태우)

성충 ♂ 1997. 5. 3. 서울 불광동(김태우)

여치아목

성충 ♀ 1993. 9. 5. 창녕 우포

25. 왕귀뚜라미

Teleogryllus yemma Ohmachi et Matsumura / 귀뚜라미과

특 징 몸 색상은 전체가 흑갈색이다. 머리는 크며, 겹눈의 안쪽은 황색으로 원형 얼굴의 백색 띠무늬와 연결되어 있다. 촉각은 긴 실 모양이다.
생 태 수컷은 날개를 수직으로 올려 '귀뚤 귀뚜리' 하고 아름답게 운다. 뒷다리의 허벅마디가 튼튼하고 강해서 도약을 잘 하며, 야간에는 단거리를 날아다니기도 한다. 잡식성으로 초원에 산다. 특히, 수컷은 땅에 구멍을 파고 집을 짓고 살며, 그 속에서 울음소리를 내어 암컷을 불러들여 짝짓기를 한다. 암컷의 산란관 길이는 21mm 내외로 창 모양이다. 알로 월동한다.
출현기 8~11월
성 충 몸 길이 26~40mm
분 포 한반도 전역

| 1 | 2 | 3 | 4 | 5 | 6 | 7 | 8 | 9 | 10 | 11 | 12 |

유충 1993. 7. 3. 강원 춘성

토굴집 1996. 9. 16. 강원 영월

성충 ♀ 1993. 9. 5. 창녕 우포

여치아목

성충 ♂ 1994. 8. 15. 경기 역곡

26. 귀뚜라미

Velarifictorus aspersus Walker　　　귀뚜라미과

특 징 몸 색상은 흑갈색으로 황색 점무늬가 복잡하게 나 있다. 앞날개는 배 끝에 이르지 못하고, 뒷날개는 서식지에 따라 단시형과 활발히 날아다니는 장시형이 있다. 수컷은 앞날개를 서로 마찰시켜 그렇게 맑은 소리는 아니지만 간격을 두어 '귀또 리리' 하고 운다.

생 태 인가 주위에 많고, 초원이나 밭, 정원의 돌 밑에서 많이 볼 수 있다. 잡식성이다. 암컷의 산란관은 13mm 정도로 미모보다 길고 끝은 뾰족하다. 산란관을 땅 속에 꽂고 산란한다. 알로 월동한다.

출현기 8~10월
성 충 몸 길이 13~22mm
분 포 한반도 중·남부

| 1 | 2 | 3 | 4 | 5 | 6 | 7 | 8 | 9 | 10 | 11 | 12 |

성충 ♀ 1993. 10. 23. 강원 공작산

여치아목

성충 우 1992. 9. 29. 고성 천등산

27. 남쪽귀뚜라미

Velarifictorus parvus Chopard — 귀뚜라미과

특 징 몸 색상은 흑갈색으로 겹눈에는 납빛 무늬가 뚜렷하다.

생 태 늪지의 초지 주변과 경작지 주변의 풀밭에 많다. 1년에 2세대가 나타나는데, 제 1세대는 5~6월경에 성충으로 우화하며, 제 2세대는 8~9월경에 성충이 된다. 유충으로 월동한다.

출현기 5~6월(1세대), 8~9월(2세대)
성 충 몸 길이 15~22mm
분 포 한반도 남부

| 1 | 2 | 3 | 4 | 5 | 6 | 7 | 8 | 9 | 10 | 11 | 12 |

성충 ♂ 1996. 10. 3. 서울 불광동(김태우)

28. 풀종다리

귀뚜라미과

Paratrigonidium bifasciatum Shiraki

여치아목

특 징 뒷다리의 넓적다리마디[腿節] 바깥쪽에 2개의 흑색 무늬가 있는 것이 특징이다. 서식지에 따라 장시형과 단시형이 있다.

생 태 산기슭의 풀밭에서 수컷은 날개를 들어올리고 야간에 '후이리리 리' 하고 계속하여 울음소리를 내어 암컷을 부른다. 알로 월동한다.

출현기 8~10월
성 충 몸 길이 7~8mm
분 포 한반도 중·남부

| 1 | 2 | 3 | 4 | 5 | 6 | 7 | 8 | 9 | 10 | 11 | 12 |

유충 1994. 9. 22. 김천 산방산

29. 땅강아지
Gryllotalpa orientalis Burmeister   땅강아지과

특 징 몸 색상은 흑갈색으로 가는 털로 덮여 있다. 앞다리의 종아리마디가 특이하게 변형, 발달되어 땅을 잘 파며, 이 앞다리를 이용하여 헤엄을 치기도 한다. 땅강아지를 영어로는 'mole cricket' 이라고도 한다.
생 태 수컷은 땅 구멍 속에서 '쭈' 하고 울음소리를 내어 암컷을 찾고, 암컷도 울음소리를 내어 자신의 위치를 알린다. 암컷은 땅 속에 5~7월에 알을 낳고는 3령시까지는 애벌레와 같이 생활한다. 애벌레는 9~10월에 우화하여 성충으로 월동한다. 잡식성으로 땅속의 풀뿌리나 곤충을 먹는다.
출현기 5~10월
성 충 몸 길이 30~35mm
분 포 한반도 중·남부

| 1 | 2 | 3 | 4 | 5 | 6 | 7 | 8 | 9 | 10 | 11 | 12 |

메뚜기아목

좁쌀메뚜기과
모메뚜기과
섬서구메뚜기과
메뚜기과

성충 ♂ 1997. 4. 19. 서울 북한산 (김태우)

30. 좁쌀메뚜기

Tridactylus japonicus Haan

좁쌀메뚜기과

특 징 몸 색상은 흑색이다. 몸의 너비와 비슷한 굵기의 뒷다리를 가지고 있는 것이 특징이다. 뒷다리가 발달되어 있으며, 탄력이 매우 강해서 한번에 몸 길이의 몇 배의 거리를 뛰는 놀라운 도약력을 가지고 있다.

생 태 밭이나 산길 주변에서 산다. 성충으로 월동한다. 이른 봄부터 마른 땅 위에서 흔히 볼 수 있다. 땅을 잘 파며, 또 물에 떨어지면 헤엄도 잘 친다.

출현기 9~10월
성 충 몸 길이 4~5mm
분 포 한반도 전역

| 1 | 2 | 3 | 4 | 5 | 6 | 7 | 8 | 9 | 10 | 11 | 12 |

성충 1995. 5. 15. 창녕 우포

31. 가시모메뚜기

모메뚜기과

Criotettix japonicus Haan

특 징 몸 색상은 회갈색이다. 등면은 평평하며, 앞가슴 양 옆이 돌출하여 큰 가시 모양을 하고 있다. 암컷의 산란관은 가늘고 길며, 산란관의 모양이 옥수수 알갱이가 일렬로 늘어선 모양처럼 뚜렷하다.

생 태 콩과 식물이 자라는 초지와 논밭 주변에 많다. 성충으로 월동한다. 이듬해 봄에 땅 속에 산란한다.

출현기 9~10월
성 충 몸 길이 16~21mm
분 포 한반도 중·남부

| 1 | 2 | 3 | 4 | 5 | 6 | 7 | 8 | 9 | 10 | 11 | 12 |

성충 1994. 7. 11. 강원 계방산

32. 모메뚜기

Acrydium japonicum Bolivar

모메뚜기과

특 징 몸 색상은 산지에 따라 변화가 심하다. 대개 흑갈색형과 회갈색형이 많다. 등면의 양 옆이 발달되어 모나게 보이는 것이 특징이다. 앞날개는 인편상의 작은 조각으로 뒷날개 밑에 위치하고 있으며, 뒷날개는 앞가슴의 끝까지 이르고 긴 편이지만 비상하기에는 너무 짧아 주로 도약을 한다.

생 태 수컷은 울음소리를 낸다. 평지의 논밭 지면에 많다.

출현기 9~10월
성 충 몸 길이 7~11mm
분 포 한반도 중·남부, 제주도

| 1 | 2 | 3 | 4 | 5 | 6 | 7 | 8 | 9 | 10 | 11 | 12 |

성충 ♀ 1997. 3. 30. 서울 불광동(김태우)

교미 1997. 4. 30. 서울 북한산(김태우)

메뚜기아목

성충 ♂ 갈색형 1992. 9. 4. 전북 여산

33. 섬서구메뚜기

Atractomorpha lata Motsuchulsky   섬서구메뚜기과

특 징 몸 색상은 녹색형, 회록색형, 갈색형 등 여러 가지이다. 머리는 원추형이다. 앞날개는 가늘고 길며 끝은 뾰족하고, 뒷날개는 투명하게 옅은 황색이다.

생 태 초여름부터 가을까지 논밭이나 초원에서 볼 수 있다. 암컷에 비해 수컷은 상당히 작으며, 작은 수컷이 암컷의 등에 올라타 장시간에 걸쳐 함께 지내며 짝짓기를 한다. 각종 식물을 먹는다.

출현기 6~11월
성 충 몸 길이 25~42mm
분 포 한반도 전역

성충 ♀ 1993. 8. 29. 경기 양수리   유충 녹색형 1993. 8. 29. 경기 양수리

메뚜기아목

교미 1996. 9. 16. 강원 영월

성충 ♂ 1995. 7. 14. 강원 광덕산

34. 팔공산밑들이메뚜기

Anapodisma beybienkoi Rentz et Miller / 메뚜기과

특 징 몸 색상은 녹색이다. 날개는 옅은 적색으로 흔적만 남아 있어 가늘고 매우 짧다. 뒷다리의 무릎마디가 흑색이다.

생 태 산지에서 자라는 수목의 밑부분 잎을 먹는다. 한반도 전역의 산지와 한라산 해발 1500m 이상의 높은 지대에서 산다.

출현기 6~9월
성 충 몸 길이 25~35mm
분 포 한반도 전역

성충 ♀ 1996. 8. 12. 제주 윗세오름

교미 1996. 8. 12. 제주 윗세오름

메뚜기아목

탈피과정 1995. 6. 8. 강원 공작산

1

2

메뚜기아목

3

종령 유충은 12시경부터 허물을 벗기 시작하여 14시경이면 허물을 완전히 벗고 성충이 된다.

식 사 시 간　　　　　1994. 7. 19. 강원 가리왕산

1

2

3

4

메뚜기아목

안에서 밖으로 동그랗게 원을 그리며 잎을 갉아 먹는다.

5

성충 ♂ 1994. 7. 19. 강원 가리왕산

35. 밑들이메뚜기

Anapodisma miramae Dovnar-Zapolski / 메뚜기과

특 징 몸 색상은 옅은 청록색이다. 앞가슴 양쪽에 굵은 흑색 무늬가 있다. 암수 모두 날개는 없다.

생 태 산지성으로 숲 속의 작은 나무나 키가 큰 풀잎 등에서 볼 수 있다. 암컷에 비해 수컷이 상당히 작다.

출현기 8월
성 충 몸 길이 18~23mm
분 포 한반도 중·북부의 산지

| 1 | 2 | 3 | 4 | 5 | 6 | 7 | 8 | 9 | 10 | 11 | 12 |

성충 ♀ 1992. 9. 20. 강원 방대산

성충 ♂ 1993. 8. 10. 강원 향로봉

메뚜기아목

성충 ♀ 1996. 10. 13. 천안 광덕산

36. 긴날개밑들이메뚜기

Ognevia longipennis Shiraki   메뚜기과

특 징 몸 색상은 녹색이다. 앞날개는 적갈색을 띠고 그 길이가 길어 배 끝을 넘어서 긴날개밑들이메뚜기라는 이름이 유래되었다. 옆가슴에는 1개의 흑색의 세로줄 무늬가 있는데, 이것은 겹눈에까지 이른다. 밑들이메뚜기 무리는 등가슴에 전형적인 3개의 흑색 가로줄 무늬가 있다.

생 태 산지성으로 수목의 밑부분 잎을 먹는다.

출현기 7~9월
성 충 몸 길이 26~39mm
분 포 한반도 전역의 산지

| 1 | 2 | 3 | 4 | 5 | 6 | 7 | 8 | 9 | 10 | 11 | 12 |

성충 ♂ 1993. 6. 22. 경기 천마산   유충 1994. 6. 11. 경기 주금산

메뚜기아목

교미 1993. 9. 10. 경기 명지산

성충 ♀ 1995. 8. 19. 강원 향로봉

37. 북방밑들이메뚜기

Parapodisma primnoa Fischer et Waldheim / 메뚜기과

특 징 몸 색상은 적갈색이다. 배는 황색이며, 앞가슴은 짧고 넓적하다. 수컷은 옆가두리에 겹눈에까지 이르는 가는 주황색 선이 있다. 옆가슴은 광채가 있는 밤색인데, 수컷은 1개의 작은 감색 무늬와 1개의 큰 무늬가 있다. 수컷의 배 끝은 굵고, 양 옆은 둥그렇게 돌출하여 있다. 앞날개는 가늘고 짧으며 배 제 3마디의 뒷가두리에 연결된다. 뒷다리의 종아리마디는 황갈색이다.
생 태 산악 지대의 밝은 풀숲이나 키가 작은 나무의 잎 위에서 산다.
출현기 8~9월
성 충 몸 길이 25~30mm
분 포 한반도 중·북부

| 1 | 2 | 3 | 4 | 5 | 6 | 7 | 8 | 9 | 10 | 11 | 12 |

성충 ♂ 1993. 7. 3. 강원 두타연

성충 ♀ 1993. 7. 3. 강원 두타연

메뚜기아목

성충 ♀ 1994. 4. 5. 거제 해금강

38. 각시메뚜기

Patanga japonica Bolivar   메뚜기과

특 징 몸 색상은 짙은 갈색이다. 등의 중앙에 있는 황색 띠가 날개 끝까지 뻗쳐 있다.

생 태 성충의 출현기는 대부분의 메뚜기 무리가 알로 월동하는 시기인 10월인데, 풀 속에서 성충으로 월동하여 다음 해 5월까지도 볼 수 있다. 겨울에도 따뜻한 날에는 활동하는 것을 관찰할 수 있다. 유충은 전체가 녹색으로 흑색 점이 산포해 있다. 벼과 식물을 먹는다.

출현기 1~5월, 10~12월
성 충 몸 길이 38~50mm
분 포 한반도 남부의 해안과 제주도, 남해, 완도, 거제도

유충 1992. 9. 6. 전남 완도

월동 우 1996. 12. 20. 제주 우도

메뚜기아목

성충 우 1992. 9. 13. 역곡 원미산

39. 등검은메뚜기

Shirakiacris shirakii Bolivar / 메뚜기과

특 징 몸 색상은 적갈색 바탕에 점무늬가 산포해 있다. 겹눈에는 아주 가는 줄무늬가 있고, 흑갈색의 등가슴 양 옆에는 황색 선이 선명하다. 성충은 여름에 출현하여 가을이 끝나 갈 무렵까지 볼 수 있으며, 제주도(안덕 계곡)에서는 12월 중순까지도 볼 수 있다.

생 태 양지바른 농수로나 저수지 둑에서 자라고 있는 잡초 속에서 많이 볼 수 있고 산길에도 많다. 콩과 식물을 주로 먹는다. 알로 월동한다.

출현기 7~11월
성 충 몸 길이 31~40mm
분 포 한반도 전역, 제주도, 울릉도

| 1 | 2 | 3 | 4 | 5 | 6 | 7 | 8 | 9 | 10 | 11 | 12 |

성충 ♂ 1992. 9. 4. 전북 여산

성충 ♀ 1996. 9. 18. 강원 영월

메뚜기아목

성충 우 녹색형 1993. 10. 3. 역곡 원미산

40. 방아깨비

Acrida cinerea Thunberg　　　메뚜기과

특 징 몸 색상은 대체로 녹색형과 갈색형이 많으나 특이하게 적색형을 띠는 개체도 발견된다. 개체 중에는 앞날개에 황백색의 줄과 점무늬가 있는 것도 있다. 머리가 앞쪽으로 돌출하여 뒤쪽이 뾰족한 원추형이다. 암컷은 수컷에 비해 상당히 크다.

생 태 논밭 두렁, 하천변의 화본과 식물이 자생하는 초원에 주로 많다. 수컷은 날 때에 앞날개와 뒷날개를 서로 마찰하여 '타타타' 하는 소리를 낸다. 벼과 식물을 주로 먹는다.

출현기 7~10월

성 충 몸 길이 45~50mm(♂), 75~80mm(♀)

분 포 한반도 전역, 제주도, 울릉도 등 부속 섬

성충 ♀ 갈색형 1993. 10. 16. 반월 수리산

산란 ♀ 1993. 9. 4. 창녕 우포

메뚜기아목

유충 녹색형 1992. 8. 17. 반월 물왕리

메뚜기아목

유충 갈색형 1995. 8. 17. 반월 물왕리

유충 홍색형 1995. 8. 20. 강원 고진동

성충 ♂ 1994. 9. 4. 서산 부장리

메뚜기아목

더듬이로 시간표시

12:00

13:00

메뚜기아목

14:00

15:00

1995. 8. 17. 반월 물왕리

17:00

19:00

21:00

메뚜기아목

 방아깨비는 더듬이(촉각)가 잘 발달하여 자유자재로 움직일 수 있다. 이 사진들은 더듬이가 마치 시계의 시, 분을 나타내는 것 같아 시간으로 가정하여 나타내어 본 것이다.

성충 1997. 10. 18. 제주 안덕

41. 딱다기

Gonista bicolor De Haan　　　메뚜기과

특 징 몸은 가늘고 길며 주로 녹색을 띠는 개체가 많은데, 때로는 등면이 갈색이나 홍갈색인 것도 있다. 촉각은 방아깨비와 같은 칼 모양인데, 머리 모양은 방아깨비처럼 길거나 중앙에서 가늘어지지 않고 각뿔 모양으로 뒤쪽이 뾰족하지도 않다. 머리 양쪽에 흑갈색의 세로줄이 있다. 앞가슴은 머리보다 가늘다. 앞날개는 가늘고 길어서 배 끝을 넘고 있으며, 그 끝이 뾰족하다. 뒷허벅마디는 배 끝에 이르지 못한다.

생 태 날 때에는 '딱다기' 하고 소리를 낸다. 1년에 1세대만 나타난다.
출현기 8~10월
성 충 몸 길이 25~45mm
분 포 한반도 중·남부, 제주도, 일본, 타이완, 중국 등

| 1 | 2 | 3 | 4 | 5 | 6 | 7 | **8** | **9** | **10** | 11 | 12 |

성충 ♂ 1994. 7. 9. 충남 안면도

42. 해변메뚜기(신칭)

메뚜기과

Aiolopus japonicus Thunberg

특 징 몸 색상이 모래색과 비슷하여 모래 바닥에 앉아 있으면 눈에 띄지 않는다.

생 태 해변의 모래땅 초지에 산다. 낮에 활발하게 날아다닌다. 태안 반도의 해변에서 처음으로 발견된 한국 미기록종이다. 1년에 1세대가 나타난다.

출현기 7~9월
성 충 몸 길이 37mm
분 포 한반도 서·남부 해안가

| 1 | 2 | 3 | 4 | 5 | 6 | 7 | 8 | 9 | 10 | 11 | 12 |

성충 ♂ 1992. 7. 31. 경기 화악산

43. 어리삽사리

Arcyptera fusca albogeniculata Ikonnikov / 메뚜기과

특 징 몸 색상은 다갈색이다. 촉각의 밑은 홍색을 띤 것이 많다. 옆가슴에는 불규칙한 2개의 황색 무늬가 있다. 수컷의 앞날개는 뒷무릎을 넘고, 끝은 옅은 갈색이며, 그 밖의 부분은 황갈색 또는 갈색이다. 버금앞가두리맥과 앞경맥 사이는 현저하게 너비가 넓다. 앞날개의 중앙에는 흑색 무늬가 있다. 뒷허벅마디는 안쪽에 3개의 흑색 띠가 있고, 뒷종아리마디는 담홍색이며 무릎은 흑색이다. 그러나 암컷의 앞날개는 뒷무릎을 넘지 못한다.
생 태 산지의 초원에 많다.
출현기 7~10월
성 충 몸 길이 27~33mm
분 포 한반도 전역

| 1 | 2 | 3 | 4 | 5 | 6 | 7 | 8 | 9 | 10 | 11 | 12 |

성충 ♂ 1992. 7. 31. 경기 화악산

메뚜기아목

성충 ♀ 1993. 8. 15. 강원 광덕산

44. 참어리삽사리

Arcyptera coreana Shiraki   메뚜기과

특 징 몸 색상은 녹색이다. 앞날개와 겹눈은 흑색이다. 촉각은 긴데, 앞쪽의 끝(선단)은 녹갈색이고, 중간부터 뒤쪽의 끝까지는 흑색이다.

생 태 높은 산의 초원 지대에서 볼 수 있다. 수컷은 뒷다리를 날개에 비벼 울음소리를 낸다. 제주도에서는 한라산 윗세오름 부근의 고산 지대의 초원에서만 볼 수 있다.

출현기 7~8월
성 충 몸 길이 30~35mm
분 포 한반도 중·북부

| 1 | 2 | 3 | 4 | 5 | 6 | 7 | 8 | 9 | 10 | 11 | 12 |

성충 ♂ 앞면 1996. 8. 12. 제주 윗세오름   성충 ♂ 측면 1994. 7. 31. 강원 재약산

성충 ♂ 1996. 8. 12. 제주 윗세오름

메뚜기아목

성충 ♀ 1994. 7. 11. 강원 방대산

45. 애메뚜기

Chorthippus brunneus Thunberg   메뚜기과

특 징 폭날개애메뚜기와 비슷하나 수컷의 날개는 너비가 넓지 않다. 몸 색상은 옅은 황색이 많다. 앞가슴은 머리보다 가늘고, 양쪽에 황백색의 < 모양의 무늬와 흑색의 세로줄이 있다. 앞날개는 가늘고 길며, 앞가두리는 짧고 직각이며, 중앙 근처에 1개의 백색 무늬가 있다. 뒷날개는 투명하고, 끝은 어두운 흑색이다.

생 태 냇가의 제방이나 산지의 초원에서 볼 수 있다. 수컷은 뒷다리를 날개에 비벼 소리를 낸다.

출현기 7월

성 충 몸 길이 22~29mm

분 포 한반도 중·북부

| 1 | 2 | 3 | 4 | 5 | 6 | 7 | 8 | 9 | 10 | 11 | 12 |

유충 1993. 7. 10. 강원 가리왕산

탈피 1995. 7. 1. 강원 광덕산

메뚜기아목

성충 ♂ 1992. 9. 6. 해남 두륜산

46. 폭날개메뚜기

Chorthippus latipennis Bolivar   메뚜기과

특 징 머리 꼭대기가 돌출하였고, 비교적 촉각은 길다. 등가슴에는 가는 < 모양의 황색 무늬가 있다. 앞날개는 전체적으로 흑갈색을 띠는데, 수컷의 앞날개는 끝으로 갈수록 흑색이 짙어진다. 수컷의 앞날개 버금앞가두리맥과 가운데 경맥 사이의 중앙부가 특히 너비가 넓어지기 시작한다.

생 태 산지의 초원, 임도 주변의 양지바른 땅이나 풀잎에 많다. 벼과 식물을 먹는다. 수컷은 뒷다리의 날개를 비벼 울음소리를 낸다.

출현기 8~9월
성 충 몸 길이 22~30mm
분 포 한반도 중·북부의 산지, 제주도

| 1 | 2 | 3 | 4 | 5 | 6 | 7 | 8 | 9 | 10 | 11 | 12 |

성충 ♀ 1992. 9. 5. 영암 월출산

47. 검정수염메뚜기(신칭)

메뚜기과

Ceracris nigricornis laeta Bolivar

특 징 몸 색상은 전체적으로 녹색을 띤다. 겹눈 뒤쪽에서부터 옆가슴과 앞날개 끝까지는 흑색이고, 머리등과 등가슴, 날개등은 녹색이다. 겹눈은 흑색이고, 촉각 또한 길고 흑색이다. 가슴은 다소 둥그렇고, 앞날개 앞쪽에는 녹색 세로줄이 있다.

생 태 야산의 초원 지대에 많다.

출현기 8~9월
성 충 몸 길이 25~30mm
분 포 한반도 남부

| 1 | 2 | 3 | 4 | 5 | 6 | 7 | 8 | 9 | 10 | 11 | 12 |

성충 우 1993. 6. 22. 경기 천마산

48. 삽사리

Mongolotettix japonicus Bolivar　　메뚜기과

특 징 몸 색상은 전체적으로 황갈색이 강하다. 수컷의 날개는 단시형과 장시형이 있는데 앞날개는 배를 넘지 않으며, 날개 끝이 잘린 것처럼 보인다. 주간에 수컷은 앞날개와 뒷다리를 비벼서 '삽사리 삽사리' 하고 10여 회에 걸쳐 울음소리를 낸다. 암컷은 몸 색상이 옅은 갈색으로 날개는 인편 상으로 퇴화되어 있으며, 수컷의 울음소리에 이끌려 다가와서 교미가 이루어진다.
생 태 저지대의 양지바른 초원 지대에 많다. 주로 벼과 식물을 먹는다.
출현기 6~8월
성 충 몸 길이 20~30mm
분 포 한반도 전역

| 1 | 2 | 3 | 4 | 5 | 6 | 7 | 8 | 9 | 10 | 11 | 12 |

성충 ♂ 단시형 1993. 6. 5. 경남 화왕산

메뚜기아목

성충 ♀ 1993. 7. 3. 강원 두타연

메뚜기아목

성충 ♂ 장시형 1993. 6. 22. 경기 천마산

교미 1994. 6. 11. 경기 주금산

메뚜기아목

산란 우 1996. 8. 12. 제주 윗세오름

49. 고산삽사리(신칭)

Podismopsis ussuriensis Ikonnikov   메뚜기과

특 징 생김새가 삽사리와 비슷하다. 과거에 백두산과 함남 차일봉에서의 채집 기록이 있었다.

생 태 제주도의 해발 1700m 이상의 고산 지대의 초원에서 산다. 암컷은 용암석 구멍에 산란관을 집어넣고 산란한다.

출현기 6월 중순(백두산), 7~8월 초순(한라산)
성 충 몸 길이 20~25mm
분 포 제주도

1 2 3 4 5 6 7 8 9 10 11 12

성충 ♂ 1996. 8. 12. 제주 윗세오름

메뚜기아목

성충 ♂ 측면 1993. 7. 10. 강원 가리왕산

50. 검정무릎삽사리

Podismopsis genicularibus Shiraki 메뚜기과

특 징 생김새가 삽사리와 비슷하지만 뒷다리의 무릎마디가 흑색이다. 수컷의 날개는 배 끝을 넘지 않으며, 날개 끝은 잘린 모양이다. 암컷의 날개는 인편상으로 퇴화되어 있다.

생 태 주간에 수컷은 앞날개와 뒷다리를 비벼서 '삽살리 삽살리' 하고 연속적으로 울며 암컷을 부른다.

출현기 6~8월
성 충 몸 길이 17~30mm
분 포 한반도 중·북부 산지의 초원

| 1 | 2 | 3 | 4 | 5 | 6 | 7 | 8 | 9 | 10 | 11 | 12 |

성충 ♂ 등면 1993. 7. 10. 강원 가리왕산

성충 ♂ 1995. 6. 22. 강원 계방산

메뚜기아목

성충 ♂ 등면 1993. 10. 9. 서울 한강

51. 홍가슴메뚜기(신칭)

Catantops splendens Thunberg　　메뚜기과

메뚜기아목

특 징 몸 색상은 적갈색이다. 머리와 등가슴은 선명한 적색이고, 촉각은 옅은 적색이다. 앞날개는 가늘고 길어 배 끝을 넘고, 옅은 갈색 바탕에 흑갈색 점무늬가 산포되어 있다. 다리의 정강이마디는 약간 적색을 띤다.

생 태 강변이나 해안가 모래밭 주변의 초원에 산다.

출현기 8~10월
성 충 몸 길이 24~36mm
분 포 한반도 중·남부

| 1 | 2 | 3 | 4 | 5 | 6 | 7 | 8 | 9 | 10 | 11 | 12 |

성충 ♂ 측면 1993. 10. 9. 서울 한강

메뚜기아목

성충 ♂ 1994. 7. 19. 강원 가리왕산

52. 벼메뚜기붙이

Parapleurus alliaceus Germar   메뚜기과

특 징 황색의 앞가슴과 앞날개는 가늘고 길며, 끝 부분은 둥그나 다소 비스듬히 잘린 모양이다. 앞가두리와 앞경맥부 사이는 황색이다. 경맥 쪽에는 흑색 무늬가 있고 그 밖에는 갈색이다.

생 태 남부 지방에서는 산지 초원에 국소적으로, 중·북부 지방에서는 저수지 주변의 초원에 광범위하게 산다.

출현기 7~8월
성 충 몸 길이 25~35mm
분 포 한반도 전역

| 1 | 2 | 3 | 4 | 5 | 6 | 7 | 8 | 9 | 10 | 11 | 12 |

성충 우 1995. 8. 6. 경기 천마산

메뚜기아목

성충 ♀ 1993. 7. 4. 춘천 지내리

53. 끝검은메뚜기

Mecostethus magister Rehn   　메뚜기과

특 징 몸 색상과 형태는 벼메뚜기와 비슷하나 등가슴은 갈색 또는 흑갈색이고, 옆가슴은 등가슴보다 옅은 갈색으로 2개의 황록색 무늬가 있다. 수컷은 날개의 끝 부분이 흑색이고, 뒷다리 무릎도 흑색이다.

생 태 저수지 주변의 초원에 많다.

출현기 6~8월
성 충 몸 길이 35~45mm
분 포 한반도 중·북부

| 1 | 2 | 3 | 4 | 5 | 6 | 7 | 8 | 9 | 10 | 11 | 12 |

성충 ♂ 1993. 6. 26. 경기 주금산

유충 1993. 6. 13. 경기 양수리

메뚜기아목

성충 우 측면 1996. 8. 12. 제주 윗세오름

54. 고산북방메뚜기(신칭)

Omocestus viridulus Charpentier 메뚜기과

특 징 몸 색상은 녹색형과 갈색형이 있는데, 녹색형은 등가슴과 등날개가 녹색인 것이 특징이다.

생 태 오전에는 돌에 앉아서 햇볕을 받으며 체온을 높이는 개체들이 많이 발견된다. 제주도 한라산 해발 약 1700m 이상의 한랭성 초원 지대에서 한국 미기록종으로 필자에 의해 처음 발견되었다.

출현기 8월 초순~9월
성 충 몸 길이 15~20mm
분 포 한반도 제주도, 아무르, 유럽

| 1 | 2 | 3 | 4 | 5 | 6 | 7 | 8 | 9 | 10 | 11 | 12 |

성충 ♀ 등면 1996. 8. 12. 제주 윗세오름

성충 ♂ 1996. 8. 12. 제주 윗세오름

메뚜기아목

성충 ♀ 1993. 9. 19. 지리산 용소골

55. 팥중이

Oedaleus infernalis Saussure 　　메뚜기과

특 징 몸 색상은 갈색 바탕에 녹색 반점이 복잡하게 나 있다. 수컷의 등가슴에는 1쌍의 X 모양의 무늬가 뚜렷하다. 뒷날개를 펼치면 옅은 흑색의 띠무늬가 있다.

생 태 산기슭 초원에 많으며, 낮에 활발히 활동한다. 콩과 식물을 주로 먹는다.

출현기 7월 하순~10월
성 충 몸 길이 32~45mm
분 포 한반도 중·남부

| 1 | 2 | 3 | 4 | 5 | 6 | 7 | 8 | 9 | 10 | 11 | 12 |

성충 ♂ 1993. 10. 23. 강원 공작산

교미 1993. 9. 19. 지리산 용소골

메뚜기아목

성충 ♂ 1994. 9. 4. 충남 서산

56. 콩중이

Gastrimargus marmoratus Haan   메뚜기과

특 징 몸 색상은 녹색형과 갈색형이 주로 보이나, 지상이나 바위 위에 살고 있는 개체는 녹갈색형이다. 가슴 중앙에 갈색 띠무늬가 있고, 가슴 전체가 둥글게 융기된 것이 특징이다. 날 때에는 뒷날개의 중앙에 있는 짙은 흑색 띠무늬가 눈에 띤다. 머리와 겹눈에 가느다란 갈색 줄무늬가 있다. 같은 계통의 종류와 구별할 때에는 등가슴의 무늬나 뒷날개의 모양으로 구별하면 쉽다.
생 태 초원에 주로 많은데, 특히 식초인 콩과 식물 주변에 많다.
출현기 8~9월
성 충 몸 길이 40~57mm
분 포 한반도, 울릉도, 제주도

성충 ♀ 1992. 9. 5. 전남 영암

메뚜기아목

교미 1993. 10. 9. 서울 한강

57. 풀무치

Locusta migratorius Linneaus　　메뚜기과

특 징 몸 색상은 주로 녹색형과 흑색형, 갈색형이 많다. 앞날개는 전체적으로 갈색을 띠며, 뒷날개는 황색으로 투명하고 흑색 무늬는 없다.

생 태 여름이 끝날 때부터 짝짓기가 관찰되고, 암컷은 혼자 배 끝을 땅 속에 집어넣고 수십 개의 알이 들어 있는 1개의 난괴를 뭉쳐 땅 속에 산란한다. 산란 시간은 약 1시간이다. 이 무리가 대량으로 발생하여 떼를 지어 날아다니며 농작물을 망쳐 놓았다는 기록이 있을 정도로, 온도와 습도, 일광, 식초 등의 환경 조건이 좋으면 많이 발생한다. 식초는 벼과 식물이다.

출현기 7~11월

성 충 몸 길이 45mm(♂), 60~65mm(♀)

분 포 한반도 전역, 제주도, 울릉도

1 2 3 4 5 6 7 8 9 10 11 12

산란 우 1995. 11. 1. 김해 공항

성충 우 안면 1993. 10. 9. 서울 한강

메뚜기아목

성충 ♀ 1992. 9. 5. 영암 월출산

58. 잔날개벼메뚜기

Oxya japonica Thunberg　　메뚜기과

특 징 겹눈의 뒤쪽으로부터 등가슴에 이르기까지 흑색 줄무늬가 있다. 앞날개는 배 끝까지 이르지 못한다. 다른 종류의 벼메뚜기에 비해 앞날개는 대체로 짧다.

생 태 여러 가지의 벼과 식물을 먹는 해충으로 유명하며, 적에게 잡히면 입에서 갈색의 소화액을 내뿜어 도망치는데, 이 물질은 몸을 지키는 방어 효과가 있다. 평지의 경작지 주변의 초지에 많다. 알로 월동한다.

출현기 6~7월
성 충 몸 길이 28~34mm(♂), 40mm(♀)
분 포 한반도 중·남부, 일본

| 1 | 2 | 3 | 4 | 5 | 6 | 7 | 8 | 9 | 10 | 11 | 12 |

성충 ♂ 1993. 10. 23. 강원 공작산

성충 ♀ 1993. 10. 9. 서울 한강

메뚜기아목

성충 ♂ 1994. 10. 15. 경기 칠보산

59. 벼메뚜기

Oxya velox Fabricius　　　　　메뚜기과

특 징　날개는 배 끝을 넘을 정도로 길지만, 별로 돌아다니지 않는다. 논이나 그 주변의 논두렁에서 대부분 볼 수 있다.

생 태　알로 월동한다. 만주벼메뚜기, 검은줄벼메뚜기, 우리벼메뚜기의 기록은 있으나, 학명의 적용과 분류는 아직 미해결 상태이다.

출현기 8~10월
성 충 몸길이 30~40mm
분 포 한반도 전역

| 1 | 2 | 3 | 4 | 5 | 6 | 7 | 8 | 9 | 10 | 11 | 12 |

성충 1992. 9. 13. 경기 역곡

유충 1992. 8. 8. 반월 물왕리

메뚜기아목

한국의 사마귀

사마귀목

사마귀목

1. 사마귀목의 분포

옛날에는 직시류로 분류하기도 하였으나, 오늘날에는 바퀴류처럼 망시목의 아목 또는 독립목으로 분류하고 있다. 세계적으로는 1900여 종이 알려져 있는데, 온·난대, 특히 열대에 많다. 곤충으로서는 크기가 커서 그 중에는 160mm가 되는 종도 있다. 한국에서 생식 지역의 북방 한계는 함경도의 남부 지방으로, 거의 한반도 전역에 넓게 분포하며, 도서 지방을 포함하여 약 6종이 있다.

2. 사마귀목의 구조와 생태

겹눈은 커다랗고 1쌍이며, 홑눈은 3개, 촉각은 실 모양으로 길다. 머리는 역삼각형 모양으로 예리한 이빨을 갖춘 큰 턱이 있다. 앞가슴은 나비가 좁고 긴데, 머리를 앞가슴 속에 집어넣지 못하기 때문에 중간가슴과 독립적으로 자유롭게 움직인다.

앞다리는 포획각으로서 종아리마디는 길고 크며, 정강이마디는 굵고 밑에 2줄의 가시가 돋아나 있고, 종아리마디 밑에도 2줄의 날카로운 가시가 들쭉날쭉 나 있다. 다리의 맨 끝은 예리하고 곧은 갈고리로 되어 있다. 사마귀류는 풀 위에 엎드려서 포획물을 기다릴 때 이 낫 모양의 앞다리를 접는데, 이 자세가 마치 기도하는 것을 연상시킨다 하여 영명으로는 praying mantis라고 불러 유명하다. 가운뎃다리는 가늘고 긴 보행각으로서 종아리마디는 길고 좌우 상접하며, 다리의 끝 마디에는 가늘고 긴 2개의 발톱을 가지고 있다.

귀여운사마귀(*Iridopteryx maucxatus*)처럼 날개가 없는 종도 있으나, 대체로 날개는 잘 발달되어 있다. 앞날개는 길고 가늘어 약간 혁질화되어 있고, 접으면 좌우가 거의 완전하게 겹쳐진다. 뒷날개는 나비가 넓고 막질이다.

배는 납작하고 11마디이며, 외부에서 보면 10마디가 보인다. 미모는 짧다. 배를 밑에서 보면 수컷은 1대의 미상 돌기를 갖춘 편평한 생식 하판에 좌우 비대칭의 교미기가 감추어져 있고, 암컷은 작은 배 모양의 생식 하판 끝에 갈라진 금이 있어 그 사이에 짧은 산란기 끝이 엿보인다.

주로 나무 위나 풀 위에 살고, 땅 위에 사는 것은 적다. 주행성으로서, 가만히 있다가 먹이의 접근을 기다려 앞발로 잡는다. 자기보다 작은 곤충을 먹는다. 때로는 도마뱀, 청개구리 같은 척추 동물을 잡는다. 놀라게 하면 풀잎에 납작하게 엎드려 의사(擬死, 몸을 움츠려 죽은 체하는 것) 행동을 하거나 짧게 도약하는 수도 있고, 때로는 날아서 도망을 치기도 한다. 또 낫과 같은 앞다리를 치켜들거나 날개를 활짝 펼쳐 위협 자세를 취하는 종도 있다. 1년에 1세대가 나타나며, 알로 월동한다. 알은 바나나 모양으로, 난곡은 얇으나 물거품과 같은 난초(알집)에 싸여 있다. 난화(알에서 깨어날)할 때 어떤 종은 전유충(前幼蟲)이 알을 뚫고 나와 실을 뽑아 매달려 허물을 벗고서 1령 유충이 된다. 유충은 불완전 변태를 하여 성충이 된다. 한 마리의 암컷은 한 번에 평균 260개 정도의 알을 낳는데, 왕사마귀의 알집 속에는 150~400개의 알이 들어 있다. 몸 색상은 주로 녹색형과 갈색형이 많다.

사마귀 구조

● 성충의 명칭

사마귀목

사마귀과

성충 ♀ 1992. 8. 29. 경기 천마산

1. 항라사마귀

Mantis religiosa Linneaus   사마귀과

특 징 몸 색상은 옅은 녹색형과 옅은 갈색형이 있다. 앞가슴은 가늘고 길다. 촉각은 수컷이 길고 암컷은 털 모양이며 짧다. 앞날개는 배 길이보다 긴데, 암컷은 약간 혁질이고 수컷은 그 너비가 넓고 투명하다. 앞가두리에 가늘고 비교적 불규칙한 지맥이 있다.

생 태 주로 평지와 산기슭의 초원에 산다. 암컷은 돌이나 지상의 나뭇가지 등에 산란한다. 1900년대초 북아메리카에서 항라사마귀의 알이 원예 용구에 붙어 일본을 경유하여 한반도로 이주해 정착하게 되었다.

출현기 8~10월
성 충 몸 길이 50~65mm
분 포 한반도 중·남부

| 1 | 2 | 3 | 4 | 5 | 6 | 7 | 8 | 9 | 10 | 11 | 12 |

교미 1992. 9. 21. 가평 남이섬

2. 사마귀

사마귀과

Tenodera angustipennis Saussure

사마귀목

특 징 낫 모양의 긴 앞다리 밑마디는 아랫바깥가두리에 16개 이상의 짧은 가시가 있고, 앞허벅마디의 아랫바깥가두리에는 4개, 아랫안가두리에는 17개 내외의 가시가 있다. 앞날개를 펼치면 앞가두리의 옆부분은 비교적 너비가 좁은 녹색의 혁질이며, 그 밖의 부분은 갈색의 날개맥이 여러 줄 있다. 뒷날개를 펼치면 투명한 황갈색 바탕에 중간에 너비가 좁은 불규칙한 흑색 무늬가 산포되어 있다. 암컷은 수컷에 비해 상당히 크고, 배의 너비가 넓다.
생 태 주로 평지와 저수지 주변의 초원 지대에 산다.
출현기 9~11월
성 충 몸 길이 60~82mm
분 포 한국(울릉도, 제주도), 중국, 베트남, 일본 등

| 1 | 2 | 3 | 4 | 5 | 6 | 7 | 8 | 9 | 10 | 11 | 12 |

성충 ♀ 1992. 9. 10. 인천 만수동

사마귀목

알집 1993. 1. 18. 거제도

유충 1993. 6. 26. 경기 주금산

사마귀목

난화과정

1

2

사마귀목

1995. 5. 21. 경기 역곡

3

4

사마귀목

성충 ♀ 1993. 9. 10. 경기 명지산

3. 왕사마귀

Tenodera aridifolia Stoll / 사마귀과

특 징 몸의 크기가 가장 큰 종류로 녹색형과 황갈색형이 있다. 사마귀와 비슷하지만, 앞가슴이 더 크고 굵으며, 촉각은 더 짧다. 앞날개의 앞가두리는 녹색으로 혁질이며, 꼬리 끝의 뒤쪽에 연장되어 뚜렷이 좁아지고, 나머지 부분은 불규칙한 갈색 가로맥이다. 뒷날개의 안가두리모(안쪽 모서리)는 적색이고 그 밖에는 투명한 갈색이며, 후반부로 갈수록 흑갈색의 불규칙한 무늬가 눈에 띄고 밑부분에 이르면 흑색의 큰 무늬가 보인다.

생 태 산 계곡 주변의 초원 지대에 많다.
출현기 9~12월
성 충 몸 길이 70~95mm
분 포 한국, 타이완, 동양 열대구, 일본

교미 1993. 10. 14. 경기 곤지암   성충 우 안면 1996. 9. 18. 강원 영월

사마귀목

알집 1995. 5. 12. 강원 원통

사마귀목

종령 유충 1996. 8. 10. 제주 성판악

경계 1993. 8. 1. 경기 현리

의사 행동 1992. 8. 9. 경기 현리

사마귀목

왕사마귀의 사냥

유충 사냥 1992. 8. 16. 강원 화천

메뚜기 사냥 1996. 9. 20. 강원 쌍용

사마귀목

유충, 메뚜기, 잠자리, 매미

잠자리 사냥 1996. 9. 16. 강원 영월

매미 사냥 1996. 9. 5. 강원 공작산

사마귀목

난화과정

1

2

사마귀목

3

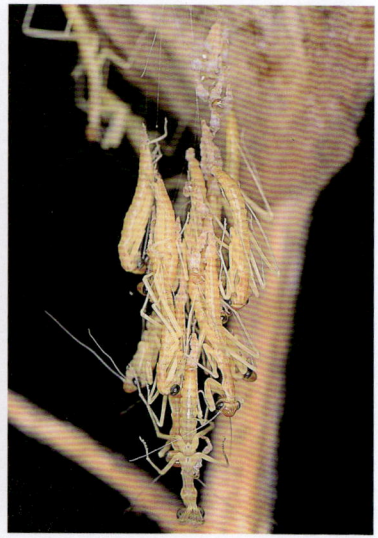
4

1997. 4. 7. 서울 불광동(김태후)

5

6

7

사마귀목

성충 1992. 9. 26. 고흥 팔영산

4. 좀사마귀

Statilia maculata Thunberg   사마귀과

특 징 몸 색상은 회갈색 또는 어두운 갈색이다. 몸 크기가 작은 사마귀로, 앞다리의 허벅마디 안쪽의 밑부분과 종아리마디 안쪽의 중앙에 각각 1개의 큰 흑색 무늬가 있다. 머리는 비교적 크고 앞가슴은 가늘고 길다. 암수 모두 촉각은 몸 길이보다 짧다. 앞날개는 가늘고 길며, 끝은 둥그렇고 뒷날개의 끝에 이르지 못한다. 뒷날개는 투명한 갈색인데 황색의 세로맥이 있고, 앞가두리 쪽과 끝은 옅은 갈색이고 무늬가 거의 없다.
생 태 주로 평지와 산 계곡 주변 초지에 많다.
출현기 8~12월
성 충 몸 길이 45~65mm
분 포 한국, 타이완, 일본, 동양 일대

| 1 | 2 | 3 | 4 | 5 | 6 | 7 | 8 | 9 | 10 | 11 | 12 |

유충 측면 1992. 9. 4. 충남 논산　　　유충 등면 1992. 8. 17. 경기 반월

사마귀목

성충 우 1996. 9. 29. 서울 불광동(김태우)

한국의 대벌레

대벌레목

대벌레목

1. 대벌레목의 분포

대벌레목은 주로 열대·아열대의 동양구에 가장 많고, 전세계적으로 약 2500여 종 이상이 알려져 있다. 곤충으로서는 몸의 크기가 큰 편으로, 몸의 생김새가 식물의 어느 부분과 닮은 형태를 하고 있다. 의태의 모양이 워낙 탁월하여 적이 가까이 다가오면 몸을 경직시켜 마치 나뭇가지나 나뭇잎처럼 보이게 만든다. 그러나 우리 나라에서는 현재까지는 나뭇잎 모양을 흉내내는 의태종은 발견되지 않고 있다. 대나무 마디 모양이나 나뭇가지의 모양을 닮은 약 4종이 알려져 있으나, 남부 지방이 충분히 조사되어 있지 못하기 때문에 연구는 아직 불충분한 편이다.

2. 대벌레목의 구조와 생태

머리는 직사각형에 가깝고, 입은 단순히 씹는형(저작형)이며, 촉각은 실 모양이다. 겹눈은 작고, 홑눈은 종에 따라 없는 것 또는 2개나 3개 있는 것이 많다. 앞가슴은 작고 머리와 거의 같은 크기이며, 중간가슴은 가장 길고 종종 가시가 있다. 뒷가슴은 중간가슴 길이의 1/2이지만 날개가 없는 종에서는 중간가슴의 길이보다 길다. 다리는 단순히 보행을 위한 것으로 3쌍이 거의 같은 모양이며, 가시나 돌기를 가지고 있다. 앞다리의 종아리마디 부근이 활처럼 휘어져 있어 앞다리를 앞쪽으로 폈을 때 만곡부의 사이에 머리가 들어가도록 되어 있다.

날개가 완전히 퇴화되어 버린 종도 있으나, 날개가 있는 경우에는 앞날개가 아주 작고 타원형으로 퇴화하여 뒷날개 부근을 덮어서 보호하는 구실을 하고 있다. 뒷날개를 펼치면 부채 모양의 방사상으로 펼쳐진다. 배는 11마디이나 제 1마디는 뒷가슴과 붙어 있고, 제 11마디는 작기 때문에 언뜻 보기에는 9마디로 보인다. 미모에는 마디가 없고 짧다. 암컷의 배 제 8마디에는 커다란 아생식판이 있고, 그 속에 산란관을 가지고 있다.

야행성의 대벌레목은 나무 위에서 생활하면서 식물의 잎을 갉아 먹는다. 때로는 갑자기 많은 개체가 발생하여 나뭇잎을 모조리 먹어 버려 나무를 헐벗게 만드는 경우도 있다. 암컷은 알을 1개씩 뿔뿔이 낳아 땅에 떨어뜨린다. 땅에 떨어진 알은 낙엽이나 풀 사이에 감추어진다. 보통 1마리의 암컷이 100~130개의 알을 낳는다. 알은 2~3mm 정도의 작은 크기로 모양은 항아리 모양인데, 표면에 복잡한 무늬가 있어서 식물의 씨앗(종자)과 꼭 닮아 분류상 좋은 결정적인 단서가 되기도 한다. 알에는 항아리의 마개 뚜껑처럼 되어 있는 부분이 있어, 난화시에는 유충이 이 알 뚜껑을 열고 밖으로 나온다. 유충들은 새에게 많이 잡아먹히는데, 그 까닭은 성충에 비해서 활동성이 강하고, 몸 색상도 성충에 비하여 약간 더 선명하여 눈에 잘 띠고 또 배를 올리고 있어 의태의 효과가 약하기 때문일 것이다.

아무튼 대벌레목은 불완전 변태를 하고, 환경 조건에 따라 단위 생식을 하므로 야외에서 수컷은 발견하기가 어려우며, 암컷만이 처녀 생식(단위 생식)을 하는 종이 많다. 특이한 것은 유충 시기에는 적에게 잡혀서 촉각이나 다리를 잃어버려도 재생 능력이 있다는 것이다.

대벌레 구조

● 성충의 명칭

대벌레목

긴수염대벌레과
대벌레과

2령 유충 1994. 5. 22. 충남 계룡산

1. 긴수염대벌레

Praortes illepidus Brunner et Wattenwyl   긴수염대벌레과

특 징 수컷이 암컷에 비해 작고 가늘다. 머리는 가늘고 길며, 전방이 굵고 앞가슴보다 길다. 가운뎃다리와 뒷다리의 종아리마디 밑에는 3~4개의 가시 돌기가 있다. 앞가슴은 가늘고 길며, 중간가슴은 앞가슴보다 약 6배나 길고 매우 가늘다. 뒷가슴은 중간가슴의 약 3/4의 길이이다. 배 길이는 머리와 가슴을 합한 것과 거의 같다. 촉각은 길고 머리 꼭대기에 가시 돌기가 없다.
생 태 알은 광택이 있는 포탄형으로 알뚜껑(개모)을 가지며, 알뚜껑의 모양은 타원형이다.
출현기 5~10월
성 충 몸 길이 50~70mm(♂), 65~100mm(♀)
분 포 한국, 일본, 타이완

성충 우 1996. 10. 13. 천안 광덕산

대벌레목

교미과정

1

2

대벌레목

1996. 10. 13. 천안 광덕산

3

4

대벌레목

성충 ♀ 1992. 8. 6. 경기 화악산

2. 대벌레

Phasma elongatus Thunberg 　　대벌레과

특 징 긴수염대벌레와 비슷하나 머리에는 1쌍의 가시 돌기가 없고, 촉각은 짧아서 앞다리의 종아리마디 길이의 절반 정도이다. 앞다리의 종아리마디 밑에는 삼각형의 엽편렬이 있고, 가운데와 뒷다리의 종아리마디 밑의 끝에 3~4개의 치상 돌기가 있다. 수컷은 아직 알려져 있지 않다.

생 태 지금까지 수컷은 야외에서는 채집이 안 되나 실험실 사육 조건에서는 발견된다고 한다. 알 표면에는 융기부가 있고, 상자를 불규칙하게 찌그러뜨린 형태이다. 알뚜껑이 있으며, 거의 원형이다.

출현기 5~10월

성 충 몸 길이 70~100mm(♀)

분 포 한국, 일본

| 1 | 2 | 3 | 4 | 5 | 6 | 7 | 8 | 9 | 10 | 11 | 12 |

성충 우 1993. 8. 6. 경기 천마산

성충 우 1992. 7. 21. 경기 화악산

대벌레목

2령 유충 1994. 5. 18. 경기 천마산

3령 유충 1993. 6. 24. 경기 주금산

대벌레목

4령 유충 1994. 7. 12. 강원 해산령

부 록

필자가 발견하지 못한 잠자리
보유편
학명 찾아보기
한국명 찾아보기
참고 문헌

필자가 발견하지 못한 잠자리

1. *Enallagma cyathigerum* Charpentier (알락실잠자리) 함북 삼지연, 대택
2. *Nehalennia speciosa* Charpentier (청동실잠자리) 함북 대택
3. *Coenagrion concinnum* Johansson (큰푸른실잠자리) 함북 강계, 대택, 북계수
4. *Coenagrion hastulatum* Charpentier (참북방실잠자리) 함북 대택
5. *Lestes japonicus* Selys (좀청실잠자리) 서울 태릉, 충남 대천
6. *Mnais pruinosa* Selys (담색물잠자리) 제주
7. *Stylurus annulatus* Djakonov (호리측범잠자리) 경기 소요산
8. *Burmagomphus collaris* Needham (자루측범잠자리) 충북 청주 산정리
9. *Ophiogomphus obscurus* Bartenef (측범잠자리) 한반도 북부
10. *Aeshna caerulea* Stroem (애별박이왕잠자리) 함북 대택
11. *Macromia manchuria* Asahina (만주잔산잠자리)
12. *Somatochlora alpestris* Selys (북방잠자리) 함북 대택, 함남 북부 백두산
13. *Cordulia aenea* Linnaeus (청동잠자리) 함북 대택
14. *Sympetrum danae* Sulzer (검정좀잠자리) 함북 북계수

15. *Aciagrion migratum* Selys (남방가는실잠자리) 제주
16. *Coenagrion johanssoni* Wallengren (푸른실잠자리) 경기 광릉
17. *Asiagomphus coreanus* Doi et Okumura (노란배측범잠자리) 한반도 중·북부
18. *Stylurus occultus* Selys (안경잡이측범잠자리) 경기 화야산, 부리
19. *Gomphus postocularis* Selys (어리측범잠자리) 경기 운길산, 양평, 충남 계룡산
20. *Nihonogomphus ruptus* Selys (고려측범잠자리) 강원 양구
21. *Aeschnophlebia anisoptera* Selys (큰무늬왕잠자리) 제주 용수 저수지
22. *Somatochlora euberata* Bartenef (참북방잠자리) 강원 설악산

보유편

성충 우 1998. 8. 26. 제주 돈내코

1. 별왕잠자리

Polycanthagyna melanictera Selys   별왕잠자리속

특 징   황색 바탕에 검은 줄반점이 있는데, 성숙하면 황색부가 황록색으로 변한다. 성숙한 수컷은 겹눈이 청남색으로 빛나고 배 제 2, 3마디의 밑부분이 선명한 청색으로 변하나 암컷은 미성숙일 때 그대로이다.

생 태   계곡의 둔치에서 6월에 우화한 미성숙 개체는 주변 숲 속으로 이동하여 먹이를 잡아먹으며 성숙해 간다. 8월 중순경부터 수컷은 이른 아침이나 황혼 무렵에 물가를 낮게 떠서 순찰하며 암컷을 찾는다. 암컷을 발견하면 바로 연결하여 계곡 가 높은 나무 위 잎에 앉아 교미한다. 교미한 암컷은 계곡의 물가로 돌아와 단독으로 이끼나 흙 속에 산란 행동을 한다.

우화형   도수형
성 충   배 길이 60~65mm, 뒷날개 길이 50~55mm
유 충   몸 길이 40~48mm, 머리 너비 9~10mm
분 포   제주도, 한반도의 남부 지방, 일본, 타이완, 중국 남부 등

| 1 | 2 | 3 | 4 | 5 | 6 | 7 | 8 | 9 | 10 | 11 | 12 |

보유편

성충 우 측면 1998. 8. 26. 제주 돈내코

왕잠자리과

성충 우 등면 1998. 8. 26. 제주 돈내코

보유편

성충 ♂ 등면 1998. 8. 15. 강원 오대산

2. 참별박이왕잠자리

Aeshna crenata Hargen　　별박이왕잠자리속

특 징　수컷의 옆가슴에는 굵은 황록색 줄무늬가 2줄 있다. 배 마디는 짙은 흑갈색인데, 아름다운 청보라색의 무늬가 아로새겨져 있다. 그에 비해 암컷은 옅은 담갈색 바탕에 황록색 무늬가 있다.

생 태　수컷은 아침부터 황혼 무렵까지 수면 중간부에서 약 1m 정도 얕게 떠 날아다니며 넓은 면적을 세력권으로 하고, 암컷을 발견하면 즉시 낚아채 주변의 높은 나무 위로 올라가 교미한다. 교미한 암컷은 혼자서 물가로 돌아와 수면을 얕게 떠 날아다니며 정수 식물이 무성한 곳에서 단독 산란한다.

우화형　도수형
성 충　배 길이 60~70mm, 뒷날개 길이 50~60mm
유 충　몸 길이 40~45mm, 머리 너비 9.5~10.5mm
분 포　경기·강원도 산악 지대, 만주, 시베리아, 유럽, 북아메리카 등

| 1 | 2 | 3 | 4 | 5 | 6 | 7 | 8 | 9 | 10 | 11 | 12 |

보유편

성충 ♂ 측면 1998. 8. 15. 강원 오대산

왕잠자리과

영역 순찰 ♂ 1998. 8. 19. 경기 주금산

보유편

성충 등면 1998. 8. 27. 제주 애월읍   성충 안면 1998. 8. 26. 제주 덕천 연못

3. 큰왕잠자리(신칭)

Anax guattatus Burmeister   왕잠자리속

특 징 한국 미기록종으로 언뜻 보면 왕잠자리와 닮았으나, 전체적으로 몸 길이가 큰 편이므로 쉽게 구별된다. 이마 꼭대기에는 T자 모양의 흑색 무늬가 있어 오히려 먹줄왕잠자리와 더 닮았으나 옆가슴은 황록색 바탕에 선명한 흑색 무늬가 없다. 배 마디의 등면과 측면의 무늬와 교미부속기도 왕잠자리와 뚜렷하게 구별된다.

생 태 왕잠자리와 항상 같은 지역에서 세력권을 놓고 다투고 있으며, 생태도 비슷하나 암컷은 단독으로 날아다니며 부유 식물의 조직 내에 산란한다.

우화형 도수형
성 충 배 길이 57~65mm, 뒷날개 길이 50~53mm
유 충 몸 길이 51~55mm, 머리 너비 9~10mm
분 포 제주도, 거제도, 한반도 남부 지방, 일본, 중국 남부, 타이완 등

1 2 3 4 5 6 7 **8 9** 10 11 12

보유편

성충 측면 1998. 8. 26. 제주 용수저수지

왕잠자리과

〈왕잠자리♂(왼쪽)와 큰왕잠자리♂(오른쪽)의 비교〉 1998. 8. 26. 제주 용수저수지

보유편

성충 ♂ 1998. 5. 4. 강원 영월

성충 ♀ 1998. 5. 4. 강원 영월

4. 소요산측범잠자리

Gomphus epophthalmus Selys

소요산측범잠자리속

부채장수잠자리과

특 징 몸매가 좀 땅딸막한 독특한 중형의 측범잠자리이다. 암컷은 배마디의 너비가 넓고, 배 길이가 짧은 특징으로 쉽게 구별된다. 수컷의 등가슴에는 황록색의 넓은 무늬가 있는데, 일본 특산종[*G. postocularis.* (어리측범잠자리)]과는 현저히 다르다.

생 태 유충은 평지와 야산의 큰 강 유역에 살며, 5월 초순에 물가 주변의 돌 위로 올라와 우화한다. 미성숙 개체는 주변의 야산으로 이동하여 성숙하며 성숙한 수컷은 강가의 정수 식물이나 돌 위에 정지하고 텃세권을 만든다. 암컷은 혼자서 한두 차례 배 끝으로 물을 치며 타수 산란을 한다.

우화형 직립형
성 충 배 길이 32~35mm, 뒷날개 길이 30~32mm
유 충 몸 길이 26~30mm, 머리 너비 7mm
분 포 경기도, 강원도, 만주, 시베리아

| 1 | 2 | 3 | 4 | 5 | 6 | 7 | 8 | 9 | 10 | 11 | 12 |

보유편

성충 ♂ 1998. 8. 24. 제주 돈내코　　성충 ♀ 1998. 8. 24. 제주 돈내코

5. 제주밑노란잠자리(신칭)

밑노란잠자리속　*Somatochlora graeseri chejuensis* Kim n. ssp.

특 징　제주도 특산 아종으로 한반도산 밑노란잠자리와 닮았으나 암컷은 날개의 기부 약 1/4이 선명한 등황색을 띠고, 배 제 3마디 측면에 황색 무늬가 넓게 형성되어 있다. 수컷의 날개도 전체가 옅은 등황색을 띤 중형의 잠자리이다. 일본 특산 아종(ssp. *aureola* Oguma)과도 수컷의 특이한 날개의 색깔로 식별이 용이하고, 교미부속기도 특화되어 있다.

생 태　계곡 가 물 웅덩이 주변에서 수컷은 세력권을 형성하고 암컷을 기다린다. 교미는 주변의 나무 위에서 하고, 암컷은 타수 산란을 한다.

　　　검사 표본/ Holotype: Chejudo, Tonnaeco, Korea. 26. 8. 1998.
　　　　　Paratype: 1 male, 2 females, Holotype과 data 동일

성 충　배 길이 40~42mm, 뒷날개 길이 38~40mm
유 충　몸 길이 20~23mm, 머리 너비 7.5mm
분 포　제주도 한라산 전 지역

| 1 | 2 | 3 | 4 | 5 | 6 | 7 | 8 | 9 | 10 | 11 | 12 |

북방잠자리과

학명 찾아보기

Acrida cinerea Thunberg ············ 382
Acrydium japonicum Bolivar ············ 364
Aeschnophlebia longistigma Selys ············ 158
Aeshna crenata Hargen ············ 466
Aeshna juncea Linnaeus ············ 154
Aeshna mixta Latreille ············ 156
Agriocnemis pygmaea Rambur ············ 20
Aiolopus japonicus Thunberg ············ 389
Anapodisma beybienkoi Rentz et Miller ············ 368
Anapodisma miramae Dovnar-Zapolski ············ 372
Anax guattatus Burmeister ············ 468
Anax nigrofasciatus Oguma ············ 172
Anax parthenope Selys ············ 162
Anisogomphus maacki Selys ············ 100
Anotogaster sieboldii Selys ············ 290
Arcyptera coreana Shiraki ············ 392
Arcyptera fusca albogeniculata Ikonnikov ············ 390
Asiagomphus melanopsoides Doi ············ 106
Atractomorpha lata Motsuchulsky ············ 366
Boyeria maclachlani Selys ············ 150
Calopteryx atrata Selys ············ 90
Calopteryx japonica Selys ············ 94
Catantops splendens Thunberg ············ 406
Ceracris nigricornis laeta Bolivar ············ 397
Cercion calamorum Ris ············ 38
Cercion hieroglyphicum Brauer ············ 44
Cercion plagiosum Needham ············ 50
Cercion sieboldii Selys ············ 48
Cercion v-nigrum Needham ············ 46
Ceriagrion melanurum Selys ············ 22
Ceriagrion nipponicum Asahina ············ 24

Chizuella bonneti Bolivar ⋯⋯⋯⋯⋯⋯⋯⋯⋯⋯⋯⋯⋯⋯⋯⋯⋯⋯⋯⋯342
Chorthippus brunneus Thunberg ⋯⋯⋯⋯⋯⋯⋯⋯⋯⋯⋯⋯⋯⋯⋯394
Chorthippus latipennis Bolivar ⋯⋯⋯⋯⋯⋯⋯⋯⋯⋯⋯⋯⋯⋯⋯⋯396
Coenagrion convalescens Bartenef ⋯⋯⋯⋯⋯⋯⋯⋯⋯⋯⋯⋯⋯⋯60
Coenagrion ecornutum Selys ⋯⋯⋯⋯⋯⋯⋯⋯⋯⋯⋯⋯⋯⋯⋯⋯⋯54
Coenagrion hylas Trybom ⋯⋯⋯⋯⋯⋯⋯⋯⋯⋯⋯⋯⋯⋯⋯⋯⋯⋯56
Coenagrion lanceolatum Selys ⋯⋯⋯⋯⋯⋯⋯⋯⋯⋯⋯⋯⋯⋯⋯⋯58
Conocephalus chinensis Redtenbacher ⋯⋯⋯⋯⋯⋯⋯⋯⋯⋯⋯⋯328
Conocephalus gladiatus Redtenbacher ⋯⋯⋯⋯⋯⋯⋯⋯⋯⋯⋯⋯330
Conocephalus japonicus Redtenbacher ⋯⋯⋯⋯⋯⋯⋯⋯⋯⋯⋯332
Copera annulata Selys ⋯⋯⋯⋯⋯⋯⋯⋯⋯⋯⋯⋯⋯⋯⋯⋯⋯⋯⋯70
Copera tokyoensis Asahina ⋯⋯⋯⋯⋯⋯⋯⋯⋯⋯⋯⋯⋯⋯⋯⋯⋯72
Criotettix japonicus Haan ⋯⋯⋯⋯⋯⋯⋯⋯⋯⋯⋯⋯⋯⋯⋯⋯⋯363
Crocothemis servilia Drury ⋯⋯⋯⋯⋯⋯⋯⋯⋯⋯⋯⋯⋯⋯⋯⋯⋯222
Davidius lunatus Bartenef ⋯⋯⋯⋯⋯⋯⋯⋯⋯⋯⋯⋯⋯⋯⋯⋯⋯114
Davidius moiwanus Okumura ⋯⋯⋯⋯⋯⋯⋯⋯⋯⋯⋯⋯⋯⋯⋯⋯122
Deielia phaon Selys ⋯⋯⋯⋯⋯⋯⋯⋯⋯⋯⋯⋯⋯⋯⋯⋯⋯⋯⋯228
Diestrammena apicalis Brunner ⋯⋯⋯⋯⋯⋯⋯⋯⋯⋯⋯⋯⋯⋯⋯306
Ducetia chinensis Brunner ⋯⋯⋯⋯⋯⋯⋯⋯⋯⋯⋯⋯⋯⋯⋯⋯⋯331
Ducetia japonica Thunberg ⋯⋯⋯⋯⋯⋯⋯⋯⋯⋯⋯⋯⋯⋯⋯⋯308
Elimaea grandis Matsumura et Shiraki ⋯⋯⋯⋯⋯⋯⋯⋯⋯⋯⋯⋯310
Epitheca marginata Selys ⋯⋯⋯⋯⋯⋯⋯⋯⋯⋯⋯⋯⋯⋯⋯⋯⋯188
Epophthalmia elegans Brauer ⋯⋯⋯⋯⋯⋯⋯⋯⋯⋯⋯⋯⋯⋯⋯⋯180
Gampsocleis obscura Walker ⋯⋯⋯⋯⋯⋯⋯⋯⋯⋯⋯⋯⋯⋯⋯⋯338
Gampsocleis ussuriensis Adelung ⋯⋯⋯⋯⋯⋯⋯⋯⋯⋯⋯⋯⋯⋯340
Gastrimargus marmoratus Haan ⋯⋯⋯⋯⋯⋯⋯⋯⋯⋯⋯⋯⋯⋯⋯416
Gomphus epophthalmus Selys ⋯⋯⋯⋯⋯⋯⋯⋯⋯⋯⋯⋯⋯⋯⋯468
Gonista bicolor De Haan ⋯⋯⋯⋯⋯⋯⋯⋯⋯⋯⋯⋯⋯⋯⋯⋯⋯388
Gryllotalpa orientalis Burmeister ⋯⋯⋯⋯⋯⋯⋯⋯⋯⋯⋯⋯⋯⋯360
Gynacantha japonica Bartenef ⋯⋯⋯⋯⋯⋯⋯⋯⋯⋯⋯⋯⋯⋯⋯152
Hexacentrus japonicus Karny ⋯⋯⋯⋯⋯⋯⋯⋯⋯⋯⋯⋯⋯⋯⋯⋯326

Hexacentrus unicolor Serville ⋯⋯320
Holochlora longifissa Matsumura et Shiraki ⋯⋯312
Ictinogomphus clavatus Fabricius ⋯⋯124
Ictinogomphus confluens Selys ⋯⋯130
Indolestes peregrinus Ris ⋯⋯78
Ischnura asiatica Brauer ⋯⋯28
Ischnura elegans Vander Linden ⋯⋯36
Ischnura senegalensis Rambur ⋯⋯32
Lestes hanlllimensis Kim n. sp. ⋯⋯80
Lestes sponsa Hansemann ⋯⋯86
Lestes temporalis Selys ⋯⋯84
Leucorrhinia dubia Vander Linden ⋯⋯274
Libellula angelina Selys ⋯⋯218
Libellula quadrimaculata Linnaeus ⋯⋯216
Locusta migratorius Linnaus ⋯⋯418
Lyriothemis pachygastra Selys ⋯⋯192
Macromia amphigena Selys ⋯⋯182
Macromia daimoji Okumura ⋯⋯184
Mantis religiosa Linneaus ⋯⋯430
Mecostethus magister Rehn ⋯⋯410
Metrioptera engelhardti Uvarov ⋯⋯336
Metrioptera ussuriana Uvarov ⋯⋯333
Mongolotettix japonicus Bolivar ⋯⋯398
Mortonagrion selenion Ris ⋯⋯18
Nannophya pygmaea Rambur ⋯⋯226
Nihonogomphus minor Doi ⋯⋯112
Oecanthus indicus Saussure ⋯⋯350
Oedaleus infernalis Saussure ⋯⋯414
Ognevia longipennis Shiraki ⋯⋯374
Omocestus viridulus Charpentier ⋯⋯412
Onychogomphus ringens Needham ⋯⋯110
Orthetrum albistylum Selys ⋯⋯200

Orthetrum japonicum Uhler 210
Orthetrum lineostigma Selys 214
Orthetrum triangulare Selys 196
Oxya japonica Thunberg 420
Oxya velox Fabricius 422
Pantala flavescens Fabricius 280
Parapleurus alliaceus Germar 408
Parapodisma primnoa Fischer et Waldheim 376
Paratlanticus ussuriensis Uvarov 344
Paratrigonidium bifasciatum Shiraki 359
Patanga japonica Bolivar 378
Phaneroptera falcata Poda 314
Phaneroptera nigroantennata Brunner 316
Phasma elongatus Thunberg 456
Platycnemis foliacea Selys 68
Platycnemis phillopoda Djakonov 64
Podismopsis genicularibus Shiraki 404
Podismopsis ussuriensis Ikonnikov 402
Polycanthagyna melanictera Selys 464
Praortes illepidus Brunner et Wattenwy 452
Pseudothemis zonata Burmeister 276
Rhyothemis fuligirosa Selys 286
Ruspolia lineosus Walker 334
Shirakiacris shirakii Bolivar 380
Sieboldius alboardae Selys 134
Somatochlora arctica Zetterstedt 178
Somatochlora graeseri Selys 176
Somatochlora graeseri chejuensis Kim n. ssp. 469
Statilia maculata Thunberg 444
Stylogomphus suzukii Oguma 108
Sympecma paedisca Eversmann 76
Sympetrum baccha Mclachlan 264

Sympetrum cordulegaster Selys ·····254
Sympetrum croceolum Selys ·····272
Sympetrum darwinianum Selys ·····238
Sympetrum depressiusculum Selys ·····234
Sympetrum eroticum Selys ·····244
Sympetrum flaveolum Linnaeus ·····252
Sympetrum ignotum Needham ·····248
Sympetrum infuscatum Selys ·····260
Sympetrum kunckeli Selys ·····242
Sympetrum parvulum Bartenef ·····250
Sympetrum pedemontanum Allioni ·····232
Sympetrum risi Bartenef ·····266
Sympetrum striolatum Charpentier ·····240
Sympetrum uniforme Selys ·····268
Sympetrum vulgatum Linnaeus ·····258
Tachycines uenoi Yamasaki ·····304
Teleogryllus yemma Ohmachi et Matsumura ·····354
Tenodera angustipennis Saussure ·····431
Tenodera aridifolia Stoll ·····436
Tettigonia orientalis Uvarov ·····348
Tettigonia viridissima Linneaus ·····346
Tramea virginia Rambur ·····284
Tridactylus japonicus Haan ·····362
Trigomphus citimus Needham ·····146
Trigomphus melampus Selys ·····140
Trigomphus nigripes Selys ·····142
Trigomphus ogumai Asahina ·····144
Trigonidium cicindeloides Rambur ·····352
Velarifictorus aspersus Walker ·····356
Velarifictorus parvus Chopard ·····358

한국명 찾아보기

가는실잠자리 ·········78
가시모메뚜기 ·········363
가시측범잠자리 ·········146
각시메뚜기 ·········378
갈색여치 ·········344
개미허리왕잠자리 ·········150
검은다리실베짱이 ·········316
검은물잠자리 ·········90
검정무릎삽사리 ·········404
검정수염메뚜기(신칭) ·········397
검정측범잠자리 ·········142
고산북방메뚜기(신칭) ·········412
고산삽사리(신칭) ·········402
고추잠자리 ·········222
고추좀잠자리 ·········234
곤봉꼬리측범잠자리(신칭) ·········108
굴꼽등이 ·········304
귀뚜라미 ·········356
긴꼬리 ·········350
긴꼬리쌕쌔기 ·········330
긴날개밑들이메뚜기 ·········374
긴날개여치 ·········340
긴무늬왕잠자리 ·········158
긴수염대벌레 ·········452
깃동잠자리 ·········260
깃동잠자리붙이 ·········264
꼬마실잠자리(신칭) ·········20
꼬마잠자리 ·········226
꼬마측범잠자리 ·········112
꼽등이 ·········306
끝검은메뚜기 ·········410
나비잠자리 ·········286
날개잠자리 ·········284
날베짱이 ·········312
남방베짱이(신칭) ·········326
남아시아실잠자리(신칭) ·········32
남쪽귀뚜라미 ·········358
넉점박이잠자리 ·········216
노란띠좀잠자리 ·········232
노란실잠자리 ·········22
노란잔산잠자리 ·········184
노란잠자리 ·········272
노란측범잠자리 ·········110
노란허리잠자리 ·········276
대륙좀잠자리 ·········240
대마도좀잠자리 ·········254
대모잠자리 ·········218
대벌레 ·········456
동양베짱이(신칭) ·········348
된장잠자리 ·········280
두점박이좀잠자리 ·········244
들깃동잠자리(신칭) ·········266
등검은메뚜기 ·········380
등검은실잠자리 ·········38
등줄실잠자리 ·········44
딱다기 ·········388
땅강아지 ·········360
마아키측범잠자리 ·········100
만주좀잠자리 ·········258
매부리 ·········334

먹종다리붙이(신칭) ········· 352	쇠측범잠자리 ············· 114
먹줄왕잠자리 ············· 172	시골실잠자리 ·············· 54
멋쟁이아시아실잠자리(신칭)·36	실베짱이 ················· 314
모메뚜기 ················· 364	쌕쌔기 ··················· 328
묵은실잠자리 ·············· 76	아시아실잠자리 ············ 28
물잠자리 ·················· 94	애기좀잠자리 ············· 250
밀잠자리 ················· 200	애메뚜기 ················· 394
밀잠자리붙이 ············· 228	애여치 ··················· 336
밑노란잠자리 ············· 176	애측범잠자리 ············· 140
밑노란잠자리붙이 ········· 178	어리두점박이좀잠자리(신칭)248
밑들이메뚜기 ············· 372	어리부채장수잠자리 ······· 130
방아깨비 ················· 382	어리삽사리 ··············· 390
방울실잠자리 ·············· 64	어리장수잠자리 ··········· 134
방패실잠자리 ·············· 68	언저리잠자리 ············· 188
배치레잠자리 ············· 192	여름좀잠자리 ············· 238
베짱이 ··················· 320	여치 ····················· 338
벼메뚜기 ················· 422	연분홍실잠자리(신칭) ····· 24
벼메뚜기붙이 ············· 408	영월쇠측범잠자리(신칭) ·· 122
별박이왕잠자리 ··········· 154	왕귀뚜라미 ··············· 354
별잠자리 ················· 464	왕사마귀 ················· 436
부채장수잠자리 ··········· 124	왕실잠자리 ················ 46
북방밑들이메뚜기 ········· 376	왕잠자리 ················· 162
북방실베짱이 ············· 331	우수리여치 ··············· 333
북방실잠자리 ·············· 58	우포실잠자리(신칭) ········ 48
붉은좀잠자리 ············· 252	자실잠자리 ················ 70
사마귀 ··················· 431	잔날개벼메뚜기 ··········· 420
산잠자리 ················· 180	잔날개여치 ··············· 342
산측범잠자리 ············· 106	잔산잠자리 ··············· 182
삽사리 ··················· 398	잘록허리왕잠자리 ········· 152
섬서구메뚜기 ············· 366	장수잠자리 ··············· 290
소요산측범잠자리 ········· 468	정환측범잠자리(신칭) ····· 144

제주밀노란잠자리(신칭) ……469	큰실잠자리 ………………………56
좀사마귀 ……………………444	큰왕잠자리(신칭) …………468
좀쌕쌔기 ……………………332	큰자실잠자리(신칭) ………72
좁쌀메뚜기 …………………362	큰청실잠자리(신칭) …84
줄베짱이 ……………………308	팔공산밑들이메뚜기 ………368
중간밀잠자리 ………………210	팥중이 ………………………414
중베짱이 ……………………346	폭날개메뚜기 ………………396
진노란잠자리 ………………268	풀무치 ………………………418
진주잠자리 …………………274	풀종다리 ……………………359
참별박이왕잠자리 ……………60	하늘별박이왕잠자리(신칭)…156
참실잠자리 …………………466	한림청실잠자리(신칭) ……80
참어리삽사리 ………………392	항라사마귀 …………………430
청실잠자리 ……………………86	해변메뚜기(신칭) …………389
콩중이 ………………………416	홀쭉밀잠자리 ………………214
큰등줄실잠자리(신칭) ……50	홍가슴메뚜기(신칭) ………406
큰밀잠자리 …………………196	황등색실잠자리 ………………18
큰실베짱이 …………………310	흰얼굴좀잠자리 ……………242

참 고 문 헌

1. 김윤식 외. 한국 중부권 호소의 수생식물 분포에 관한 연구. 이학론집.
2. 공동수·윤일병.「한국 동식물 도감」제30권 동물편(수서곤충류). 문교부, 1988.
3. 조복성.「韓國産 잠자리목 곤충」. 문교부, 1938.
4. 조복성.「한국 동식물 도감」곤충류 제 10권. 문교부, 삼화출판, 1969.
5. 최홍근. 한국산 수생 관속식물지. 서울대학교 대학원, 이학박사 학위논문, 1986.
6. Asahina, S. Odonata of Hokkaido, Tenthredo, Vol. II, no. 2, 1938.
7. Asahina, S. Odonata-Anisoptera of Micronesia, Tenthredo, Vol. 3, no.1, 1940.
8. Hamada et Inoue.「日本産 トンボ 大圖鑑」. 講談社, 1985.
9. Corbet, P. S. A Biology of Dragonflies. Wintherby, London, 1962.
10. Kirby, W. F. A Synonymic Catalogue of Neuroptera Odonata or Dragonflies. 1890.
11. Kichizo Takeuchi. The Insects of Japan, Odonata. Hoikusha Co., 1964.
12. Isamu Hiura. The Insects of Japan, Vol. 2, Odonata. Hoikusha Co., 1977.
13. Ishimura, T. A New Form of *Sympetrum kunckeli* Selys from Northern Honshyu, Trans. Nat. Soc. Aomori, no. 4, 1937.
14. Needham, J. G. A Manual of the Dragonflies of China, 1930.
15. Robert Merritt. The Dragonflies of Great Britain and Ireland. Harley Book, 1983.
16. Richard, R. A. The Dragonflies of Europe. Harley Book, 1995.

17. Shozo Ishida et. llustrated Guide for Identification of the Japanese Odonata. Tokai University, 1988.
18. Shozo Ishida. Insects Life in Japan, Vol. 2. Dragonflies. Hoikusha Co., 1980.
19. Michael Chinery. Pareys Buch der Insekten. Domino Books, Ltd.,1986.
20. 조복성.「韓國産 메뚜기(直翅)目 昆蟲」, 1959.
21. 조복성.「한국 동식물 도감」제 10권 동물편(곤충류 Ⅱ). 문교부, 1969.
22. Lee, S. M. Systematic Notes on Tettigoniidae of Korea. Center for Insect Systematics, 1990.
23. Bey-Bienko, G. Further Studies on the Dermaptera and Orthoptera of Manchuria. Ann. Mag. Nat. Hist., 1930.
24. Bey-Bienko, G. On Some Orthoptera from North Korea. Bol. Soc. Esp. Hist. Nat., 1931.
25. Ebner, R. Orthopterorum Catalogue, Tettigoniidae, part 1∼2, 1930.
26. Furakawa, H. Misceraneous of Japanese Orthoptera (1) Kuntyu. Ⅳ, 1930.
27. Rentz, Det Miller, R. Ecological and Faunistic Notes on a Collection of Orthoptera from South Korea. Ent. News. 82, 1971.
28. Syusiro, I. Colored Illustrations of the Insect of Japan, Vol. Ⅱ, Hoikusha, 1977.
29. Shiraki, T. Orthoptera of the Japanese Empire, part Ⅰ, Ⅱ, Ⅲ, Ⅳ, 1930∼1935.
30. Teiso, E. Colored Illustrations of the Insect of Japan. Hoikusha, 1964.

원색 도감 · 한국의 자연 시리즈 10

한국의 잠자리 · 메뚜기 · 사마귀 · 대벌레

김정환(金丁煥)

현재 고려곤충연구소 소장
    한국곤충학회 회원
    한국동물분류학회 회원
    녹색 연합 '깃대종 살리기' 자문위원
    환경운동연합 '녹색생명운동' 지도위원

저서 「한국산 나비의 역사와 일본 특산종 나비의 기원」
    「땅에서 하늘로」
    「우리가 정말 알아야 할 우리 나비 백가지」
    「비무장지대의 곤충」
    「토박이 곤충에 관한 37가지 이야기」
    「곤충마을에서 생긴 일」

초판 발행/ 1998. 4. 20
재판 발행/ 1998. 9. 30

지은이/ 김정환
펴낸이/ 양철우
펴낸곳/ (주)교학사

기획/ 유홍희
편집/ 박선희
교정/ 차진승 · 황정순 · 박선희

장정/ 오영신
제작/ 신영창
원색 분해/ 공무부 스캐너실

등록/ 1962. 6. 26. (18-7)
주소/ 서울 마포구 공덕동 105-67
전화/ 편집부 · 312-6685 영업부 · 717-4561~5
팩스/ 365-1310, 718-3976
대체/ 012245-31-0501320
값 35,000원

＊ 잘못된 책은 바꾸어 드립니다.

The Odonata & Orthoptera, etc. of Korea in color
by Kim Jung-Hwan
Published by Kyo-Hak Publishing Co., Ltd.
105-67, Kongd k-dong, Map'o-gu, Seoul, Korea
Printed in Korea

ISBN 89-09-04357-1 96490